HONDA

CROSS CUB/ SUPER CUB110

CUSTOM & MAINTENANCE

ホンダ **クロスカブ／スーパーカブ 110** カスタム＆メンテナンス

JN077798

STUDIO TAC CREATIVE

CONTENTS
目次

HONDA
CROSS CUB / SUPER CUB 110
CUSTOM & MAINTENANCE

表紙撮影＝佐久間則夫

CROSS CUB110

水辺をめぐる旅路へ

いつもと違う場所へ。そう思った時、人はなぜか水辺を目指してしまう。心を癒やす水の音が聞こえる場所に、今日もまた走り出す。

写真＝柴田雅人　Photographed by Masato Shibata

どんな道でも
迷わず進んでいける

生まれ育った環境や性格に関係なく、と言い切ってしまうのはちょっと乱暴だろうが、人は海や湖、川といった水辺に癒やしを感じてしまうものだ。

　だからバイクという自由の翼を得た時、少なくとも自分は無意識的に水辺を目指してしまう。ちょっとした時間ができた今日もまた、クロスカブにまたがり、ツーリングスポットでもある大きな湖を目指し走り始めた。

　普段の足としても活躍しているクロスカブ110。乗ることに何のハードルもない気軽な存在ながら、何十km先へも乗っていけると思わせる力強さと頼もしさがある。教習で乗ったバイクとは違うロータリーミッション、買う前はちょっと不安に思ったけれど、あっという間に慣れ、車の流れをリードして走っても何の不足も感じない。まるで自分にあつらえて作られたような、不満を一切感じさせずに走るクロスカブ110を買ってよかったと思いながら、はるかな目的地を目指す。

CROSS CUB 110
水辺をめぐる旅路へ

日常と非日常を
クロスさせる存在

CROSS CUB110
水辺をめぐる旅路へ

　もちろん場所によるが、海が身近という人は多いだろう。でも、自分はぐるっと周回できる湖に心惹かれる。穏やかな水面の側を静かに走るというのは、海だとできるようでできない。それができる湖が身近な存在であることを感謝しつつ、ゆったりと走っていく。

　見知らぬ道で迷いつつ、しかしUターンも苦にしない相棒と一緒なのでストレスも溜まらず旅を続けられる。程よいポジションは疲れを呼び起こすことがなく、メーターの残燃料を示すバーはなかなか減らない。日常からボーダレスで非日常のライディングへつながり、様々なシーンをクロスオーバーするその存在は、大げさに言えば自分の人生を革新し、とても豊かなものにしてくれる。

　時にエンジンを止め、さざなみを無言で眺めていると、時の流れが遅くなっていくのを感じる。ああ、この瞬間が永遠に続けばいいのにと、陳腐なセリフが頭をよぎるが、陽の傾きが永遠が存在しないことを教えてくれる。

　今日が終わるからこそ明日があり、そんな明日はなにか良いことがあるに違いない。そう思いながらクロスカブにまたがり、旅路の終わりを締めくくるため走り出した。

CROSS CUB 110
SUPER CUB 110

クロスカブ110 & スーパーカブ110

最新モデル紹介

2022年、新しい規制に適合する新型エンジンとディスクブレーキを採用して登場したクロスカブ／スーパーカブ110。性能、サイズともにベストバランスをもったこの両車種の最新モデルを詳しく紹介し、その魅力の源に迫っていくことにしよう。

写真＝ホンダ／佐久間則夫　*Photographed by Honda／Norio Sakuma*

CROSS CUB 110

個性を発揮する独特なフロントマスク

CROSS CUB 110
長いリアショックがその性格を表す

CROSS CUB 110

スリット付きプロテクターが趣味性を主張

CROSS CUB 110
新時代を感じさせるディスクブレーキ

CROSS CUB 110

独自のスタイルと絶妙なサイズで人気を得る

バイクの代名詞といえるスーパーカブ。長い歴史を振り返れば、様々な派生モデルが誕生している。その代表的存在がハンターカブだろう。不整地にも対応した独特なスタイルは実用モデルとは一線を画し根強い人気を誇っていた。一時途絶えたアウトドアイメージモデルだが、2013年、THE CROSSOVER A LIFE AND PLAYをキーワードにクロスカブとして復活した。クロスカブは2018年、クロスカブ110（JA45）としてフルモデルチェンジを実行。2022年に登場した現行モデル（JA60）は、それをベースにしている。

JA45からの変更点は大きく3つ。平成32年（令和2年）排出ガス規制に適合しつつ最大トルクと燃費性能を向上させた新型エンジン、制動時の安心感に寄与するABSを採用した前輪ディスクブレーキ、そしてキャストホイール採用によるチューブレスタイヤ化だ。これにより最新モデルに相応しい環境性能と使い勝手を実現している。クロスカブが火を付けたアウトドアイメージ車人気を受け、ハンターカブがCT125として復活。より本格的なオフロードスタイルで大人気となったが、大柄でやや気軽さに欠けるのも事実。対するクロスカブは細身で足つき性にも優れ、より気軽に接することができることもあり、人気は衰える気配がない。

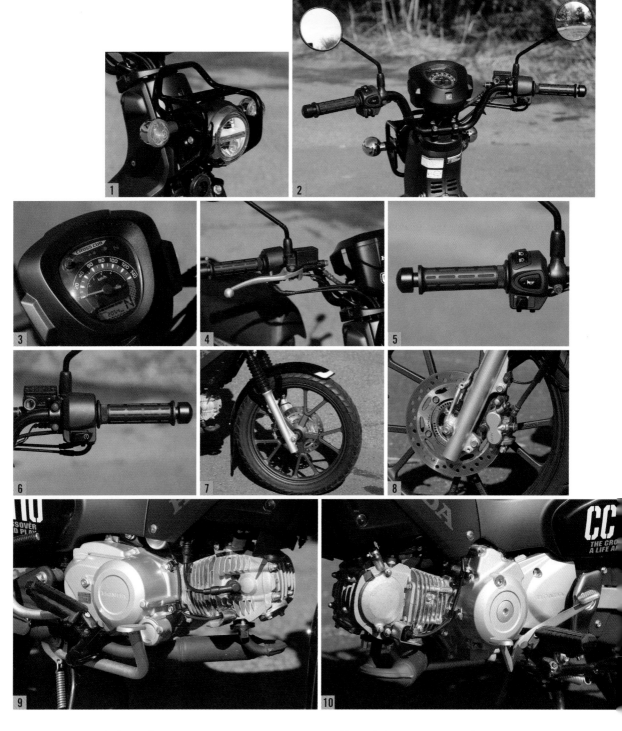

1. 積載性も備えたヘッドライトステーにLEDヘッドライトを取り付ける　2. 急激に立ち上がるパイプハンドルとその中心にメーターをマウントする、クロスカブならではのハンドル周り　3. 前モデルJA45の六角形型から四角形型になり、ギアポジション、時計、平均燃費等の表示機能が追加されたメーター。液晶部の表示切り替えは左上のSELボタンで行なう　4. 一体式リザーバータンク型ブレーキマスターシリンダーを装備　5. 左スイッチボックスにあるスイッチは上からヘッドライト上下切り替え、ホーン、ウィンカーの各スイッチが配置される　6. 右スイッチボックスはスタータースイッチを配置している　7. それまでのスポークホイールから近年のホンダ車でよく見られるY字型スポークを使ったキャストホイールとしたフロントホイール。カラーもそれまでのブラックからマットグレーとなった　8. 2021年10月から、それ以前に発表された継続生産車両でもABS装置装備が義務化されたのを受け、ABS付きディスク式となったフロントブレーキ。キャリパーは片押し2ポット式を採用している　9.10. それまでのボアφ50.0mm、ストローク55.6mmエンジンからボアφ47.0mm、ストローク63.1mmへとロングストローク化されたエンジン。圧縮比も9.0:1から10.0:1へと高められた結果、最新の排気ガス規制に適合させつつ最大トルクは8.5N·m/5,500rpmから8.8N·m/5,500rpmへとアップし（最大馬力は5.9kW/7,500rpmと変更なし）、燃費も61.0→67.0km/Lと向上している

1. マフラーはスーパーカブと同じダウンタイプだが、スリット付きのプロテクターを採用することで差別化している　2. 前を踏むことでシフトアップ、後ろを踏むことでシフトダウンするチェンジペダル。ミッションは4速ロータリー式で、4速時は停車時のみ、前に踏むことでニュートラルにチェンジできる安全機構付き　3. 右はリアブレーキペダルがある。ステップは左右とも可倒式でラフロードでの使用に対応している　4. 2代目であるJA45からレッグシールドを廃止しHondaロゴを強調したフレームカバーを使用。クロスカブらしいスタイルを生み出す大きな要素だ　5. スーパーカブ系に共通したデザインだが厚みを増し、快適な乗り心地としたシートもJA45から引き継がれた部分　6. シートは前部にヒンジがあり簡単に開閉可能。その下は燃料タンクとなっている　7. 左リアショック前にヘルメットロックを装備　8. 角パイプスイングアームにチェーンケースと、スーパーカブと同一フォーマットのリア周り。チェーンケースはデザイン的にはスーパーカブと同じだが点検窓部のデザインが異なる専用品だ　9. リアショックは黒いコイルスプリングが露出したスポーティなデザイン。全長は370mmのロングタイプを採用している

CROSS CUB 110

10. JA45から追加されたタンデムステップは折りたたみ式でスイングアームに設置される **11.** リアホイールはキャスト&ドラムブレーキの構成。初代クロスカブからスーパーカブより大径のφ130mmドラムを使うため、スポークはY字型というよりV字型になっている **12.** 白熱球を使うウインカー、テールランプを用いるリア周り。フェンダーにはマッドガードが取り付けられスーパーカブより延長されている **13.** 実用性満点の大型リアキャリアを標準装備

SPECIFICATION

		クロスカブ50	クロスカブ110
車名・型式		ホンダ・2BH-AA06	ホンダ・8BJ-JA60
全長(mm)		1,840	1,935
全幅(mm)		720	795
全高(mm)		1,050	1,110
軸距(mm)		1,225	1,230
最低地上高(mm)		131	163
シート高(mm)		740	784
車両重量(kg)		100	107
乗車定員(人)		1	2
燃料消費率			
国土交通省届出値:定地燃費値(km/L)		94.0 (30) 〈1名乗車時〉	67.0 (60) 〈2名乗車時〉
WMTCモード値(クラス)		69.4 (クラス1) 〈1名乗車時〉	67.9 (クラス1) 〈1名乗車時〉
最小回転半径(m)		1.9	2
エンジン型式		AA04E	JA59E
エンジン種類		空冷4ストロークOHC単気筒	
総排気量(cm³)		49	109
内径×行程(mm)		37.8×44.0	47.0×63.1
圧縮比		10	
最高出力(kW [PS] /rpm)		2.7 [3.7] /7,500	5.9 [8.0] /7,500
最大トルク(N·m [kgf·m] /rpm)		3.8 [0.39] /5,500	8.8 [0.90] /5,500
燃料供給装置形式		電子式〈電子制御燃料噴射装置(PGM-FI)〉	
始動方式		セルフ式(キック式併設)	
点火装置形式		フルトランジスタ式バッテリー点火	
潤滑方式		圧送飛沫併用式	
燃料タンク容量(L)		4.3	4.1
クラッチ形式		湿式多板ダイヤフラムスプリング式	
変速機形式		常時噛合式4段リターン	
変速比	1速	3.181	3.142
	2速	1.705	1.833
	3速	1.19	1.333
	4速	0.916	1.071
減速比(1次/2次)		4.058/3.307	3.421/2.642
キャスター角(度)		26°30′	27°00′
トレール量(mm)		57	78
タイヤ	前	70/100-14M/C 37P	80/90-17M/C 44P
	後	80/100-14M/C 49P	80/90-17M/C 44P
ブレーキ形式	前	機械式リーディング・トレーリング	油圧式ディスク(ABS)
	後	機械式リーディング・トレーリング	
懸架方式	前	テレスコピック式	
	後	スイングアーム式	
フレーム形式		バックボーン	
メーカー希望小売価格(消費税込み)		308,000円 (くまモンバージョン319,000円)	363,000円 (くまモンバージョン374,000円)

SUPER CUB 110

伝統のスタイルに最新技術を投入する

SUPER CUB 110

大型リアキャリアが旅へといざなう

SUPER CUB 110

ポップさも感じさせる2トーンカラー

SUPER CUB 110

親しみやすさを生む曲線デザイン

SUPER CUB 110
伝統のスタイルを受け継ぐ最新モデル

　ホンダを象徴するバイクの筆頭格がスーパーカブである
ことに異論を挟む人はいないだろう。半世紀前、C100として
登場した初代スーパーカブは、シリンダーを水平近くに寝
かせたエンジンにプレス構造のフレームという基本構成は
そのままに熟成を重ねながら作り続けられ、多くの人に愛さ
れてきた。そんなスーパーカブの転換点となったのが2009
年登場のスーパーカブ110（JA07）で、角断面パイプを採用
したバックボーンフレームにフレームカバーと車体構成を
一新し、完全新設計のエンジンが搭載された。新デザインを
採用したJA10を間にはさみ、2017年にプレスフレーム時代

を彷彿させる曲線主体のデザインで登場したのがJA44だ。
2022年それをベースとし、新型エンジン、ディスクブレーキ
およびキャストホイールを採用した現行モデル、JA59が発
表された。エンジンを始めとした基本構造は先に紹介した
JA60型クロスカブと共通だが、ハンドル、レッグシールドはい
うに及ばず、前後のサスペンション、ブレーキ、ステップ等々
違いは少なくなく、スーパーカブの名にふさわしい実用性と
使い勝手を生み出している。それでいて近年のカブ人気に
応え、このグリントウェーブブルーメタリックのようなスタイリッ
シュなカラーを設定し、おしゃれさも兼ね備えている。

1. 丸形ヘッドライト、ウインカーが一直線にハンドルカバーに配置されるという、スーパーカブ伝統のデザインながら、ヘッドライトそのものは上下分割のLED式で現代らしい雰囲気も漂わせるフロントマスク　2. ハンドルカバー中心にメーターを配するのも伝統的だが、左右スイッチもハンドルカバーに内蔵し新世代のスーパーカブであることを印象づける　3. アナログ式のスピードメーターに、オド、トリップ、平均燃費、時計、ギアポジションが表示できる液晶部を持つメーター　4. リザーバータンクの多くがハンドルカバーに覆われ、JA44との違いを感じさせにくいブレーキレバー　5. 右グリップ側にはスタータースイッチを配置　6. 左側には上からヘッドライト上下切り替え、ホーン、ウィンカーの各スイッチを取り付けている　7. クロスカブとは異なり片押し1ポットキャリパーを使用するフロントブレーキ　8.10. エンジンはクロスカブと同一スペック。ただ二次減速比（スプロケット）が異なるため、総ギア比はよりハイギアードな設定となっている　9. クロスカブと同デザインのキャストホイールは明るいシルバーで塗装される。テレスコピック式フロントフォークは、アウターチューブのデザイン等が異なるスーパーカブ専用品を使い、またフロントフォークカバー取り付けによりインナーチューブが露出しない構造とされている

1. メインスイッチはレッグシールドの右上端に配置 **2.** レッグシールドの左側には許容重量1kgのフックを設置。コンビニ袋等を掛けられるようになっている **3.** いわゆる踏み返しが付いたシフトレバーもロータリーミッションのスーパーカブらしいアイテム **4.** 静粛性に優れたマフラーはプレーンなデザインのプロテクターが取り付けられる。マフラー根元部分には触媒が設けられており、現在の厳しい排気ガス規制に対応している **5.** 頑丈なブレーキペダルはステップをストッパーとする構造なのはクロスカブと同様だが、スーパーカブのステップは固定式となっている **6.** 2トーン表革を使うシートはクロスカブより薄く、良好な足つき性に大きく貢献している **7.8.** シートは前ヒンジ式で、跳ね上げるとガソリンタンクとタンクキャップが姿を現す。タンクキャップにはメインキーで操作するロックを備える **9.** スーパーカブのデザインにおける最大のポイントの1つレッグシールド。足元に当たる風や泥跳ねを軽減してくれる実用アイテムであるのは言うまでもないが、スーパーカブの柔らかなイメージを生むエクステリアパーツでもある

SUPER CUB 110

10. 荷掛けポイントも多く設けられ実用性に富むリアキャリア　**11.** φ110mmのドラムブレーキを使うため専用設計となるリアホイール。タイヤもよりオンロード向けのIRC製NR78Yが使われている　**12.** フルカバータイプとされたリアショックは全長340mmと長さもクロスカブとは異なる　**13.** リアの灯火類はJA44の2020年以降のモデルからキャリーオーバー

SPECIFICATION

		スーパーカブ50	スーパーカブ110
車名・型式		ホンダ・2BH-AA09	ホンダ・8BJ-JA59
全長(mm)		1,860	1,860
全幅(mm)		695	705
全高(mm)		1,040	
軸距(mm)		1,210	1,205
最低地上高(mm)		135	138
シート高(mm)		735	738
車両重量(kg)		96	101
乗車定員(人)		1	2
燃料消費率			
国土交通省届出値:定地燃費値(km/L)		105.0 (30)〈1名乗車時〉	68.0 (60)〈2名乗車時〉
WMTCモード値(クラス)		69.4 (クラス1)〈1名乗車時〉	67.9 (クラス1)〈1名乗車時〉
最小回転半径(m)		1.9	
エンジン型式		AA04E	JA59E
エンジン種類		空冷4ストロークOHC単気筒	
総排気量(cm³)		49	109
内径×行程(mm)		37.8×44.0	47.0×63.1
圧縮比		10	
最高出力(kW [PS] /rpm)		2.7 [3.7] /7,500	5.9 [8.0] /7,500
最大トルク(N·m [kgf·m] /rpm)		3.8 [0.39] /5,500	8.8 [0.90] /5,500
燃料供給装置形式		電子式〈電子制御燃料噴射装置(PGM-FI)〉	
始動方式		セルフ式〈キック式併設〉	
点火装置形式		フルトランジスタ式バッテリー点火	
潤滑方式		圧送飛沫併用式	
燃料タンク容量(L)		4.3	4.1
クラッチ形式		湿式多板ダイヤフラムスプリング式	
変速機形式		常時噛合式4段リターン	
変速比	1速	3.181	3.142
	2速	1.705	1.833
	3速	1.19	1.333
	4速	0.916	1.071
減速比(1次/2次)		4.058/3.538	3.421/2.500
キャスター角(度)		26°30′	
トレール量(mm)		72	73
タイヤ	前	60/100-17M/C 33P	70/90-17M/C 38P
	後	60/100-17M/C 33P	80/90-17M/C 50P
ブレーキ形式	前	機械式リーディング・トレーリング	油圧式ディスク(ABS)
	後	機械式リーディング・トレーリング	
懸架方式	前	テレスコピック式	
	後	スイングアーム式	
フレーム形式		バックボーン	
メーカー希望小売価格(消費税込み)		247,500円	302,500円

CROSS CUB 50 クロスカブ50

14インチホイールによる
独自スタイルが魅力

　14インチのスポークホイールを採用し、可愛らしいスタイルが魅力のクロスカブ50。110と共通コンセプトのデザインではあるが、より立ち上がりの低いハンドルやリトルカブと同デザインのハンドルスイッチ等、独自採用となっている部品も多く、スケールダウン版とは言えない個性を持っている。

　写真は110にも設定されている、スーパーカブが製造されている熊本製作所がある熊本県のキャラクター、くまモンとコラボしたくまモン仕様で、グラファイトブラックカラーの車体に赤いヘッドライトケース、サイドカバー、足跡柄表革と赤いパイピング付きシートを装着。ハンドル下のボディにはくまモンのステッカーも貼り付けられ、鍵もスペシャル仕様となる。

SUPER CUB 50 スーパーカブ50

従来のスタイルを維持した
スタンダードモデル

　17インチスポークホイールに前後ドラムブレーキと、伝統のスーパーカブスタイルをより色濃く残しているのがスーパーカブ50だ。車体の基本構成はスーパーカブ110同様だが、原付一種なので必然的に一人乗り専用となるため、タンデムステップは装備されない。またタイヤもパワーとのバランスを考慮して前後ともワンサイズ細くなるなど、細やかな仕様変更がされている。馬力は2.7kWと110の半分以下だが街乗りであればそれほど不満を感じさせることもなく、なにより国土交通省届け出定地燃費が100km/Lを超えるという驚異の低燃費を誇るだけに、実用性を重視するユーザーにピッタリの車両であり、その点でもスーパーカブのイメージを体現した存在といえる。

カラーバリエーション

クロスカブとスーパーカブには豊富なカラーが設定されている。最後にここまで紹介してこなかった 110、50 各車のカラーを紹介する。どれも魅力的で悩むに違いないが、愛車選びの参考にしてほしい。

CROSS CUB 110

パールディープマッドグレー

プコブルー

グラファイトブラック（くまモンバージョン）

CROSS CUB 50

マット
アーマード
グリーン
メタリック

パール
ディープ
マッドグレー

SUPER CUB 110

タスマニアグリーンメタリック

クラシカルホワイト

パールフラッシュイエロー

SUPER CUB 50

バージンベージュ

グリントウェーブブルーメタリック

タスマニアグリーンメタリック

ホンダ純正アクセサリー カタログ

クロスカブ / スーパーカブ用のカスタマイズパーツとして純正カタログに掲載されているパーツ群を紹介する。欲しい場合は近くのホンダ二輪正規取扱店に問い合わせてほしい。

クロスカブ 110
スーパーカブ 110

SP武川 スクランブラーマフラーリフトアップ
レトロ感のあるヒートプロテクターを装備したスクランブラースタイルアップマフラー。JMCA認定品 　　　　　　　　　¥54,780

クロスカブ 110
スーパーカブ 110

SP武川 P-SHOOTER
'60年代スタイルをモチーフに製作されたキャブトンスタイルマフラー。オールステンレス製ポリッシュ仕上げ。JMCA認定品 　　　¥41,800

クロスカブ 110
スーパーカブ 110

キタコ キャブトンマフラー
レトロ感を演出する細身のキャブトンマフラー。スチール製メッキ処理仕上げ。JMCA認定品 　　　　　　　　　　　　　　¥36,300

クロスカブ 110
スーパーカブ 110

SP武川 クッションシートカバー
滑りにくいシート表革を使った、乗り心地も向上するカバー。ステッチの色はブラックとグリーンから選べる 　　　　　　　　¥4,950

クロスカブ 110
スーパーカブ 110

SP武川 クッションシートカバー
カラーステッチとダイアモンドステッチの2パターンから選べる、カスタム感を演出するカバー。滑りにくい表革を使い実用性も高い 　¥6,380

クロスカブ 110
スーパーカブ 110

SP武川 エアフローシートカバー
ノーマルシートに被せるだけで、通気性とクッション性に優れたシートへ生まれ変わらせることができるカバー 　　　　　　¥3,300

クロスカブ110
スーパーカブ110

SP武川 ピリオンシート（300×300）
装着するだけで二人乗りが快適になるピリオンシートで取り付けも簡単。
サイズは縦横約300mm、厚さ約55mm　　　　　¥9,350

クロスカブ110
スーパーカブ110

SP武川 ピリオンシート（300×300）用エアフローシートカバー
左記ピリオンシートに被せることで、通気性とより優れたクッション性を
付け加えることができるカバー　　　　　¥2,750

クロスカブ110
スーパーカブ110

SP武川 スクリーンキット
走行中の風雨、ホコリからライダーを保護し、快適な通勤やツーリングを
可能にしてくれる　　　　　¥14,850

クロスカブ110
スーパーカブ110

ウインドシールド
機能美に優れたウインドシールド。縦約470mm、横約402mm サイズで
走行中の風やホコリからライダーを保護してくれる　　　　　¥24,750

クロスカブ110
スーパーカブ110

SP武川 アルミビレットレバー 168
6段階にレバー位置が調整できるだけでなく、転倒時も可倒部からレバー
が曲がり破損しにくいアルミ削り出し製レバー　　　　　¥18,480

クロスカブ110
スーパーカブ110

キタコ ビレットレバー（右）
アルミ削り出しのレバーで質感を向上することができる。カラーはブラッ
クの他にシルバーもあり　　　　　¥5,940

クロスカブ110
スーパーカブ110

キタコ バーエンドキャップ
2ピース構造のアルミ製バーエンドで、レッド、ゴールド、ガンメタの3カ
ラーが設定されている　　　　　¥5,500

クロスカブ110
スーパーカブ110

SP武川 アクセサリーバーエンド（SUS）
ノーマルのウェイト効果を保ちながらスレンレスの質感と造形が楽しめる
バーエンド。TAKEGAWAのロゴがレーザーマーキングされる　　¥7,590

クロスカブ 110
スーパーカブ 110

SP武川 ハンドルガード

トレッキングスタイルに一新でき、工夫次第で色々なパーツの取付が可能。ホンダ純正グリップヒーターとの同時装着不可　　　　¥8,140

クロスカブ 110
スーパーカブ 110

キタコ マルチパーパスバー

φ22.2mm のパイプを使いハンドルクランプ型アクセサリーが取り付けできる。ホンダ純正グリップヒーターとの同時装着不可　　　　¥4,400

クロスカブ 110
スーパーカブ 110

SP武川 Z ミラーセット（ショート＆ミドルアーム付）

ミラーケース内で鏡面部分のみ動かせ取り付け後の微調整ができる。長さの異なる2種のアームが付属する　　　　¥4,180

クロスカブ 110
スーパーカブ 110

SP武川 ナックルガード

取り付けることでハンドル周りにトレッキングスタイルイメージを与えるアイテム。ガードは樹脂製でアルミフレームを使い取り付ける　　　　¥9,900

クロスカブ 110
スーパーカブ 110

SP武川 マスターシリンダーガード

アルミ材を削り出して作られたマスターシリンダーガード。シルバー、レッド、ゴールドの3種が揃いドレスアップにうってつけ　　　　¥3,410

クロスカブ 110
スーパーカブ 110

キタコ タイミングホールキャップ SET TYPE1

ノーマルのキャップと交換することでエンジンをドレスアップできるキャップ2個セット。カラーは赤、黒、銀、金の4タイプ　　　　¥4,180

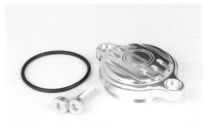

クロスカブ 110
スーパーカブ 110

SP武川 オイルフィルターカバー フィンタイプ

ノーマルと交換することでクラシカルな印象をエンジンに付け加えてくれるオイルフィルターカバー　　　　¥6,380

クロスカブ 110
スーパーカブ 110

SP武川 オイルフィルターカバー プレーンタイプ

ノーマルオイルフィルター交換式のアルミ製ドレスアップカバー。プレーンなデザインでエンジンに高級感をプラスする　　　　¥5,720

クロスカブ110
スーパーカブ110

キタコ 左クランクケースガード
Lクランクケースカバーのドレスアップと保護効果があるガード。アルミ製アルマイト処理仕上げ　　　　　　　　　　　　　　　¥8,800

クロスカブ110
スーパーカブ110

SP武川 ヘッドライトガード
ヘッドライト周りをトレッキングスタイルに一新させるガード。ヘッドライトの光を遮ることがないデザイン。スチール製　　　　　¥9,570

クロスカブ110
スーパーカブ110

フロントブレーキディスクカバー
足周りをドレスアップしアクティブなイメージを作り出せるアイテム。PP樹脂製でカラーはブラックとなる　　　　　　　　　　¥2,420

クロスカブ110
スーパーカブ110

SP武川 サイドカバーノブ（TYPE1）
旧型カブをモチーフにしたサイドカバーノブ。簡単装着でドレスアップを楽しめる。ブラックもあり　　　　　　　　　　　　　¥5,830

クロスカブ110
スーパーカブ110

SP武川 ステップバーキット
高級感をもたらし、安定したフットポジションが得られるアルミ削り出しのステップ。シルバーとブラックの2タイプから選べる　¥7,480

クロスカブ110
スーパーカブ110

フロントキャリア
フロントバスケット取り付けに必要なフロントキャリア。許容積載量5.0kg。取り付けには車体に穴あけ加工が必要　　　　　¥2,970

クロスカブ110
スーパーカブ110

フロントバスケット 中型タイプ
シンプルな形状の中型バスケット。後幅476mm、奥行215mm、深さ221mmサイズ。取り付けにはフロントキャリアが必要　¥3,850

クロスカブ110
スーパーカブ110

フロントバスケット メッシュタイプ
小さな荷物の積載に便利なバスケット。開口部の後幅356mm、奥行290mm、最深部の深さは225mm。要フロントキャリア　¥3,740

フロントバスケット

開口部の幅330mm、奥行240mm、後部の深さ200mmとなるフロントバスケット。要フロントキャリア。許容積載量3.0kg ¥2,750

ビジネスボックス

長さ485mm、幅385mm、高さ315mmのボックス。簡易ロックタイプとワンタッチロックタイプあり。要取付アタッチメント ¥13,640/14,300

ラゲージボックス

上面の蓋部分を平らにすることで伝票等の記入もできる便利なボックス。容量約39L。スチール製で要ボックス取り付けアタッチメント ¥16,500

一七式特殊荷箱（中）

セキュリテイを向上させた錠前付き。FRP製で容量は約43L。専用取り付け付属品付き ¥28,600

SP武川 センターキャリアキット

メインパイプカバー部に取り付けるセンターキャリア。スチール製でクロムメッキ仕上げがされる。許容積載量1.0kg未満 ¥11,880

キタコ ファッションキャリア（センター）

スチールで作られたファッショナブルなセンターキャリア。ホワイト塗装仕上げとブラック塗装仕上げあり ¥9,350/9,680

SP武川 アルミセンターキャリアキット

車両に合わせて新規設計することでボルトオンで装着できる。アルミ製、ショットアルマイト処理仕上げ ¥17,600

SP武川 サイドバッグサポート（左側）

車体サイドにバッグを取り付ける際に、バッグがホイールに巻き込まれるのを防止するサポート ¥13,200

SP武川 ツーリングバッグ S

クロスカブ 110
スーパーカブ 110

容量約5Lのメインと3ヵ所のポケット収納を持つバッグ。背面のベルトで
サイドバッグサポートかキャリアに取り付ける　　　　　　　¥5,280

SP武川 リアショックアブソーバー

クロスカブ 110
スーパーカブ 110

ノーマルと同じ自由長 370mm のリアショック。5段階のスプリングプリ
ロード調整が可能。スプリングの色は黒、黄、赤、メッキあり　　¥18,150

キタコ リアショック

クロスカブ 110
スーパーカブ 110

スプリングの色がレッド、ブラック、イエローから選べるクロスカブ 110用
のリアショック。無段階でのプリロード調整ができる　　　　¥14,300

SP武川 リアショックアブソーバー

クロスカブ 110
スーパーカブ 110

5段階でスプリングプリロードの調整ができるスチール製リアショック。ス
プリングはメッキ、レッド、イエロー、ブラックを用意　　　　¥18,150

キタコ リアショック

クロスカブ 110
スーパーカブ 110

無段階プリロード調整が可能なオイルダンパー式リアショック。カラーは
イエロー、ブラック、メタリックブルーあり　　　　　　　　¥14,300

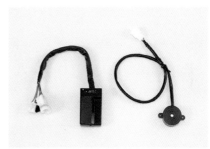

アラーム

クロスカブ 110
スーパーカブ 110

振動を検知すると警告音が鳴る盗難抑止機構。別売インジケーターラン
プを併用すると効果的。要アラーム取り付けアタッチメント　　¥8,030

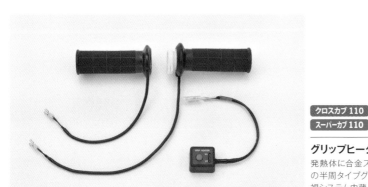

クロスカブ 110
スーパーカブ 110

グリップヒーター

発熱体に合金ステンレス鋼を採用したホンダ独自
の半周タイプグリップヒーター。バッテリー電圧監
視システム内蔵

¥18,150/19,800

スーパーカブ／クロスカブ ヒストリー

長い伝統を持つスーパーカブ。息づく基本コンセプトに変化はない
が、機械的構造は時代の変化に合わせて進化してきた。ここでは初
代から現代に至る歴代モデルをクロスカブとともに振り返る。

写真＝ホンダ　Photographed by Honda

1958　SUPER CUB C100

カブのスタイルを作り出した初代モデル

　日本ならでは、ホンダならではの全く新しい使い勝手と
スタイリングを持つ大衆的な小型車として生まれた初代
スーパーカブC100。エンジンはOHV方式の4ストロー
ク単気筒50ccで今に続く耐久性が高く、低燃費で扱い
やすいものである一方、当時の同クラスにおいては最高
クラスの馬力を発揮する高性能車でもあった。

1966　SUPER CUB C50

初のフルモデルチェンジでOHCエンジンを採用

　累計生産台数400万台を超える大ヒットモデルとなっ
たスーパーカブ。1966年初のフルモデルチェンジがされ、
OHC方式を採用した新設計エンジンに刷新。デザインも
フロント周りを中心としたブラッシュアップを敢行している。
機械的にもスタイル的にも長くその基本が維持されること
になる、初代同様歴史的に非常に重要なモデルだ。

2007　SUPER CUB 50 Standard

環境性能向上のためPGM-FIを搭載する

　1966年モデルからマイナーチェンジを繰り返し、信頼
性や燃費の向上といった熟成を進めてきたスーパーカ
ブ。2007年、環境性能のさらなる向上を目指し、電子制
御噴射システム（PGM-FI）を搭載、それに伴いエンジンも
シリンダーヘッドを中心に大きく手が入れられた。リアフェ
ンダー一体のプレスフレーム採用の最終モデルだ。

2009　SUPER CUB 110

バックボーンフレーム採用の新生スーパーカブ

　スーパーカブは50ccだけでなく、70ccや90ccの原付二種モデルも長年販売されていた。その後継モデルとして登場したのがJA07型スーパーカブ110だ。角断面パイプのバックボーンフレームにテレスコピックフロントフォークと現代的な車体に新設計109ccエンジンを搭載。最大出力は6.0kWを発生しスターターモーターも備える。

SUPER CUB 110 PRO

積載性に優れたビジネスモデル

　新聞配達に代表される配達業務向けに、スーパーカブにはプレスカブという積載性を向上したモデルがあった。その後継モデルとして作られたのがプロだ。ベースはJA07型だが、大型のフロントバスケットとリアキャリアを標準装備。ホイールも小回りが利くよう、17インチから14インチへと改められている。

2012

SUPER CUB 110

世界を見据えたニューベーシックカブ

　JA07型が旧来のスーパーカブを継承したデザインだったのに対し、このJA10型はフレームの基本構造は同じながらも丸みのある四角をテーマにしたものに変更され、テールランプもキャリアと同じ幅の横長タイプとされた。メカニズム的には、フレーム剛性の見直し、ホイールベースの20mm延長等により荷物積載時の走行安定性のアップ、低・中回転域重視のトルク特性とすることで積載時や登坂時の取り回しの向上が図られている。また50もフルモデルチェンジされ、110と同スタイルとなった。

SUPER CUB 50

2012

SUPER CUB 110 PRO

第2世代スーパーカブ プロ

　ベースモデルであるスーパーカブ110がモデルチェンジされたのに従いプロもフルモデルチェンジが行なわれ、50も新設定された。配達用途に適するよう、小径14インチホイールを採用。フロントのインナーチューブとリアのスプリングを大径化するとともに、ストローク量もアップしたサスペンションにより、荷物積載時の走行安定性を高めている。フレームマウントの大型フロントバスケット、大型リアキャリアも先代プロから引き継がれた特徴であるが、リアキャリアはフラットな形状から後端が跳ね上がった形状へと改められている。

SUPER CUB 50 PRO

2013　CROSS CUB

久しぶりに復活したアウトドアモデル

　国内モデルとしては'80年代に途絶えたアウトドア系カブを復活させたのがこのモデル。スーパーカブ110をベースにタフなイメージのヘッドライト周り、パイプハンドル採用でクロスオーバースタイルを強調。前後サスペンションは110プロと同じストローク量が多いタイプとすることで、アウトドアでの走行に対応している。

2017　SUPER CUB 110

馴染みのある曲線デザインへ一新

　2017年に登場のJA44型は、プレスフレーム時代を彷彿とさせる滑らかな曲面で構成されサイドカバーを持つデザインを採用し、生産も中国から日本の熊本製作所に移管された。低フリクション技術を随所に採用した高効率空冷4ストローク単気筒エンジンや底床バックボーンタイプフレームといった基本は前モデルから引き継ぐ。

SUPER CUB 50

50ccもモデルチェンジが行なわれる

　110同様、50もモデルチェンジされＡＡ09となった。基本構成は110と同じだがエンジンはφ37.8mm×44.0mmの49cc、最高出力は2.7kW/7,500rpmで、タイヤとドライブチェーンの幅は、110より細いものが使われる。カラーリングも110と共通のものも多いが、このビビッドなイエローのように独自色も設定されていた。

SUPER CUB 110 PRO

SUPER CUB 50 PRO

外装を一新して登場

　110、50と共にプロもエクステリアを中心としたモデルチェンジがされた。改めてスーパーカブとの違いを確認すると、小径14インチタイヤ、大型フロントバスケットとリアキャリア。駐車時に便利なフロントブレーキロック機構および積載時の安定性に寄与する強化サイドスタンド。エンジン停止時でもキーをオンすることで使用可能なポジションランプが挙げられる。カラーリングは独自のセイシェルナイトブルーのみの設定となっている。

　またヘッドライトは、スーパーカブ同様、長寿命なLEDが初採用されている。

2018　CROSS CUB 110

進化を遂げた2代目クロスカブ

　よりアクティブなイメージを高める外装デザインを採用しフルモデルチェンジを実行。車名もクロスカブからクロスカブ110と排気量を示す数字が加えられた。レッグシールドを廃止し軽快感を演出するとともに、ヘッドライトを囲むヘッドライトガードやマットブラック塗装のホイールなど、堅牢な雰囲気をアップ。二人乗り対応にもなった。

CROSS CUB 50

独自スタイルを持った初代クロスカブ50

第二世代クロスカブで最大のトピックと言えるのが、50ccモデルが設定されたことだろう。スーパーカブ50が110そのままのスタイルだったのに対し、クロスカブ50は軽快感のあるメッキリムを使った14インチホイールや足つき性に配慮したシートを採用。ハンドル周りの部品も異なるなど、よりコンパクトで可愛らしいデザインとされた。

SUPER CUB 50 60th

SUPER CUB 110 60th

2018 人気を博した広告の車両を再現

2018年、同年8月1日までの受注期間限定で販売されたのが60周年アニバーサリーだ。1963年アメリカで展開された広告に描かれたイメージイラストをモチーフとした特別なカラーリング、記念エンブレムを採用していた。

2019 SUPER CUB 110 STREET

街に溶け込む独自カラーモデル

淡い色合いのボニーブルーとハーベストベージュの車体に、同色のレッグシールド、ブラックのエンジンカバー、ホイールハブ、スイングアームとした落ち着いたカラーリングが特徴のモデルで、2019年の2月26日から6月30日までの受注期間限定で販売された。また後部側面やキーにはオリジナルのロゴがあしらわれている。

CROSS CUB 50

CROSS CUB 110

くまモンとのコラボモデル

くまモンとのコラボモデル、くまモン・バージョンが初設定。くまモンをイメージしたブラックとレッドのカラーに赤いパイピング付きシート、オリジナルエンブレムやスペシャルキーを採用し、110と50が発売された。

2020

法規対応でテールランプを変更

　2020年は、スーパーカブ110にパールフラッシュイエローの新色を設定すると共に二輪灯火器基準に関する法規に対応するため、テールランプがそれまでの縦長のものから、現行モデルと同じ縦横同比率のテールランプへと改められた。

　7月23日には、2019年7月に公開されたアニメーション映画「天気の子」の劇中に登場する車両のカラーリングを採用した『天気の子』ver.が、10月31日までの受注期間限定で販売される。この車両は劇中のカラーリングを忠実に再現したサマーピンクの車体色を採用し、専用ステッカーをレッグシールド内側上部に配置している。

SUPER CUB 110 PRO

SUPER CUB 110

CROSS CUB 110

SUPER CUB 50

2022

SUPER CUB 110 PRO

110プロもキャストホイール化される

　現行モデルのスーパーカブ/クロスカブ110同様、110プロも新エンジン、キャストホイール、フロントディスクブレーキ採用を伴うモデルチェンジが実行された。エンジンは最新排気ガス規制に対応するだけでなく、業務用途に合わせクラッチなどの内部部品のタフネス性アップ、リアブレーキロック機能の採用も行なわれている。ブレーキディスクカバーが標準装備となっているのもポイント。またメーターはスーパーカブ/クロスカブ同様、ギアポジションなど表示機能が多機能化されている。

SUPER CUB 50 PRO

スーパーカブ50プロは、スーパーカブおよびクロスカブ50同様、2020年モデルからのキャリーオーバーで、セイシェルナイトブルーのボディカラーにも変更はない

CROSS CUB 110
BASIC MAINTENANCE

安全な走行を実現し、愛車の寿命を伸ばすためには、点検と整備が必要だ。ここでは基本的な点検および整備を解説していく。

取材協力=ホンダモーターサイクルジャパン　撮影=柴田雅人

適切なメンテナンスで安全に楽しく乗ろう

スーパーカブシリーズは、ノーメンテナンスで何事もなく走り、時にはオイルがほとんど無い状態でも故障しなかったという伝説が語られるが、あくまで運が良かったと評価すべきことで、使い方としてとても推奨できるものではない。安全安心に乗るためには、日々の点検とメンテナンスが欠かせないので、ここではそれらをわかりやすく解説していく。スーパーカブにおいても実施方法はほぼ同じなので、是非参考に、少なくとも点検は実行するようにしよう。

点検すべきポイント

安全に乗るために頻繁にしておきたい代表的な点検ポイントを紹介する。次ページ以降で手順を把握し、実施するようにしよう。

❶ フロントブレーキ

フロントのディスクブレーキはブレーキパッドの摩耗具合を定期的に確認する。動作確認は乗車前、毎回すること

❷ ウインカー

こちらも乗車前に必ず前後、左右の動作を点検する。点灯しない場合、バルブが切れていないかチェックしよう

❸ タイヤ

タイヤに傷や亀裂がないかはこまめに、溝の深さや空気圧は月に1度は点検したい。点検必須の重要ポイントだ

❹ スパークプラグ

点検というより定期交換を意識するポイント。エンジン性能を発揮するため、3,000～5,000km毎に交換する

❺ エンジンオイル

少なくとも月に1度は量を確認し不足していたら補充。また取扱説明書にある時期に達したら交換をしよう

❻ ドライブチェーン

チェーンケースに覆われ劣化しにくいが、逆に状態を把握しにくい。月に1度程度はたるみの具体を点検する

❼ テールランプ

意識して点検しないとウインカー以上に不具合に気が付きにくく、そうなっていると危険なので乗車前必ず点検する

❽ リアブレーキ

リアブレーキは、摩耗が進むとブレーキペダルの遊びが増えていく。遊び量の点検をし、適正値外なら調整を行なう

SPECIAL THANKS

渡辺　健氏

確かな腕を持つフリーメカニック。整備を依頼したい場合、sutonabe4@gmail.com に連絡してみよう

DAILY INSPECTION
日常的にしたい点検

安心、安全に乗るためには、バイクを常に良い状態に保つことが重要だ。ここではその実現のために日常的に行ないたい点検の実施方法を紹介する。簡単なものなのでぜひ覚えて実践しよう。

TIRE
タイヤ

バイクにおける唯一の接地面であるタイヤ。安全と走行性能を保つために、その状態と空気圧はこまめに点検すること。

異物が刺さっていないか、損傷がないかをタイヤ全体でチェックする。また溝が浅くなっていないかも見ておこう **01**

02 溝の深さ＝タイヤの寿命はウェアインジケーターが目安になる。まずタイヤ側面にある印を見つける

△印を見つけたら、その延長線上にある溝を見る。そこにはウェアインジケーターがあり、タイヤが摩耗し寿命が来ると、それがタイヤ表面に出て、溝を分断するようになる **03**

04 空気圧を点検するため、バルブからキャップを外す。点検は走る前、タイヤが冷えた状態で行なう

05 空気圧計を使い空気圧を測る。まずはフロント。走って違和感は無かったが指定値より低かった

06 フロントタイヤの指定空気圧は175kPa。空気圧は徐々に抜け不足に気づきにくいので点検は大切

07 リアタイヤの指定空気圧は225kPa。点検後はバルブ破損を防ぐため、忘れずキャップを取り付ける

ENGINE OIL
エンジンオイル

エンジンの性能を発揮させるため様々な役割をしているエンジンオイル。その量は非常に重要なので月に1度は点検しよう。

01 エンジンが冷えている場合は3〜5分ほどアイドリングさせた後にエンジンを止め2〜3分待つ

平らなところでメインスタンドを立てたら、オイルレベルゲージを外し、ウェス等で先端に付いたオイルを拭き取る

02

03 オイルレベルゲージをエンジンに止まるまで差し込む。この時、レベルゲージをねじ込まないこと

オイルレベルゲージを抜き、オイルが付いている位置を見る。先端の横線（下限）とその上の横線（上限）の間、格子模様部なら適切。足りないならオイルを補充しておく

04

BREAKE
ブレーキ

安全に走るためにブレーキが正常動作することは必須条件。乗車前は必ず動作を点検し、消耗具合もこまめにチェックすること。

▎フロント

01 ブレーキレバーを操作し、ブレーキが利くか、レバーがスムーズに動くかをチェックする

02 レバーの根元にあるリザーバータンクの点検窓から液面を見る。LWPとある線より上ならOK

03 液面が線以下ならブレーキパッドの摩耗具合を点検する。車両の前側からだと見やすい

ブレーキパッドの摩擦材の側面部分（矢印）には摩耗限界溝がある。これがブレーキディスクに達していたら寿命なのでブレーキパッドを交換する

04

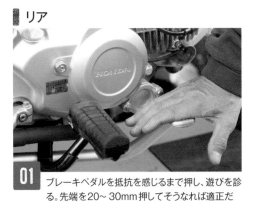

05 ブレーキディスクに損傷がないか目視点検する。表面の凹凸が目立つようだと寿命の可能性が高い

▎リア

01 ブレーキペダルを抵抗を感じるまで押し、遊びを診る。先端を20〜30mm押してそうなれば適正だ

02 遊びが適正外ならアジャストナットを回して調整する。後ろから見て時計回りに回すと遊びが減る

03 ペダルを踏んだ時、アームの矢印とドラム側の三角印が一致するようならシューの寿命だ

DRIVE CHAINE
ドライブチェーン

ドライブチェーンが摩耗して伸び、たるみが増えると異音がするだけでなくシフトしにくくなる。定期的に点検、調整しよう。

01 ドライブチェーンはチェーンケースに覆われているので前方下の点検窓から点検する

02 点検窓を塞ぐキャップを外すため、マイナスドライバー等を用意し傷防止のため先端を布で覆う

03 キャップには側面に凹みが設けられているところがあるので、そこにドライバー等の先端を差し込む

04 そのままこじればキャップを外せる

■ スーパーカブの場合

スーパーカブのキャップはゴム製で、飛び出た部分を手で持って引くと外すことができる

05 メインスタンドを立て、点検窓からチェーンを動かし点検。怪我防止のため棒を使うことを推奨する

55

06 たるみはチェーンを上下に止まるまで動かした時の幅が35〜45mmが適正だが、正直点検窓からでは点検しにくい。そこでチェーンケース下側を外すため、固定しているボルト2本を10mmレンチで緩めて抜き取る

07 ボルトを外したら、エンジン等を避けながら下に引いてチェーンケースを取り外す

08 チェーンケースを外した状態。たるみは前後スプロケットの中間部で点検する

09 チェーンの点検は複数箇所で実施し、一部分だけたるみが多いなら異常なのでチェーンを交換する

CHECK

一般に、メインスタンドを立てた状態でチェーンを押し、スイングアームと平行になるなら適正なたるみといえる

POINT

外したチェーンケースを取り付ける。チェーンケースは上側車輪サイドが凹形状になっているので、そこに下側をはめながら取り付けること

10

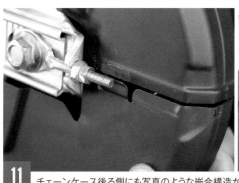
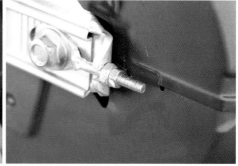

11 チェーンケース後ろ側にも写真のような嵌合構造がある。後端部は上側の内側、その前は外側になるよう組み合わせないと固定ボルト用の穴位置が合わないので注意。しっかり取り付けられたらボルトを締め付け固定する

LIGHT
灯火類

自分の位置や行動を周囲に知らせることで安全を担保してくれる灯火類。乗車前には必ず動作確認をしておこう。

01 ウィンカースイッチを操作し、前後左右全てが点灯、点滅することを確認する

02 ヘッドライトを点検する。スイッチを操作し、下向き（左）、上向き（右）ともに正常点灯することを確認する。他の灯火と違いヘッドライトはLEDバルブなので球切れで点灯しない可能性は高くないが壊れないわけでなはい

03 テールランプはポジション灯と、ブレーキ灯が前後ブレーキ操作時に点灯するかを点検する

ブレーキ灯の点検

ブレーキ灯はブレーキを操作しないと点灯しないので、他の灯火類に比べて点検しにくい。おすすめの方法としては、車体後部を壁に近づけ、反射を見る方法が1つ。もう1つは左手をテールランプにかざした状態でブレーキ操作をする方法だ。ブレーキ灯が点かないと衝突される可能性を高めるので、点検を欠かさないようにしよう。

BATTERY
バッテリー

車両の高度な電装部品を支えるバッテリー。セルモーターの動きが鈍いといった時には、その状態を点検してみよう。

01 バッテリーにアクセスするためにセンターカバーを取り外す。まず前方のプラスビスを外す

02 もう1つ、シート下にあるこのビスも緩めて取り外しておく

03 プラスビス2本を取り外したら、まずセンターカバー前方を上に持ち上げる

04 そのまま前方に押し出すようにしてセンターカバーを取り外す

05 センターカバーを外すと、シート下、写真の位置にあるバッテリー端子が見えるようになる

テスターを使い、向かって左赤いカバー下にあるプラス端子と右側のマイナス端子間の直流電圧を計る。13V程度であればOK。12.8Vを下回るようなら充電したいが、10.8Vを下回るようだと充電しても復活しないことが多い

06

07 点検が終わったらセンターカバーを取り付ける。まずシート側を、車体のカバーを少し拡げるようにして爪をガイドに合わせてから中央と前側を取り付け、プラスビスで固定する

BASIC MAINTENANCE
基本的なメンテナンス

先に紹介した点検項目に関連し、実施する必要性が高くユーザーでも実践しやすい整備について手順を解説する。適切な工具が無い、自信が持てない場合は、迷うことなくプロの手に委ねよう。

DRIVE CHAIN ADJUSTMENT
チェーンのたるみ調整

たるみが適正でない場合は調整する。たるみは少なすぎても害があるので、確認しながら調整していくことが大切だ。

01 アクスルシャフト（左）を17mmレンチで回り止めし、右側のナットを19mmレンチで緩める

02 スイングアームの印線とチェーンアジャスター直線部を目安に、左右が同じになるよう調整する。まずアジャスターのロックナット（後ろ側）を、その前のアジャストナットを12mmレンチで押さえつつ10mmレンチで緩める

03 チェーンのたるみを確認しながらアジャストナットを調整し、たるみが適正値になるようにする。前述したが、調整は印線を目安に左右で同じになるようにすること。そうしないと後輪が傾き、走行安定性が損なわれるからだ

04 チェーンとスプロケットの間に棒を噛ませて、アクスルシャフトが後ろに動かないようにする

05 アクスルシャフトを回り止めし、逆側のナットを緩まないようしっかり締め付ける

06 チェーンアジャスターのアジャストナットを回り止めしながらロックナットを締め込む

07 改めてたるみが適正かをチェックし、問題なければ作業完了だ

LIGHT BULB REPLACEMENT
灯火類のバルブ交換

ウィンカー、テールランプが点灯しない場合、バルブが切れていることが考えられる。その交換手順を紹介していく。

ウィンカー

交換手順は前後で共通となる。まず下面にあるプラスビスを取り外す

01

02 固定ビスはこのような木ネジが使われている。紛失したり他と間違わないよう確実に保管しておく

03 ウィンカーレンズ部分を手前に引き出す。引き過ぎて配線にダメージを与えないよう気をつける

04 配線がつながったバルブソケット部分とレンズ部分を逆向きにひねることでロックを解除し、2つのパーツを分割する

05 外したレンズは保管し、バルブを取り外す。なおバルブが切れていると内部が黒くなることが多い

POINT

06 ウエス等を使い直接触らないようにしつつバルブを押しながら回転、ロックを解除し引き抜く

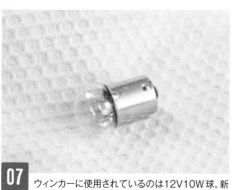
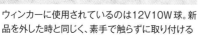

07 ウィンカーに使用されているのは12V10W球。新品を外した時と同じく、素手で触らずに取り付ける

08 レンズの凸部をソケットの凹に差し込んだら回転し両者をロック。ウィンカー本体に戻しネジ留めする

■ テールランプ

01 テールランプレンズを外す。取り付けビス2本はこの位置にあるのでプラスドライバーで外す

02 ビスを外したら、上端に爪があるので下から開くようにしてテールランプレンズを取り外す

押しながら回してロックを解除した後バルブを外す。使用球は12V21/5W。純正品はポジションランプ用のフィラメントが柱3本で支持され、社外品より切れにくくなっている

03

04 テールランプバルブは取り付け向きがあるので注意して取り付け、レンズを元に戻せば完成だ

BREATHER DRAIN CLEANING
ブリーザードレーンの清掃

乗り続けるとブリーザードレーンに堆積物が溜まるので、1年ごとに清掃が指定される。作業は簡単なので忘れず実行しよう。

01 ブリーザードレーンは車体左側のこの位置にある

02 キャップ状のブリーザードレーンはクリップで留められているので、ペンチで開いてそれを外す

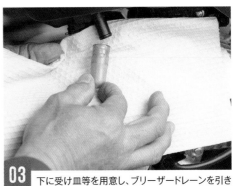

03 下に受け皿等を用意し、ブリーザードレーンを引き抜いたら堆積物を取り除き、元に戻す

SPARK PLUG REPLACEMENT
スパークプラグの交換

近年、長寿命品の使用により交換サイクルが長いことが多いが、この車両は標準品なので3,000〜5,000km毎が目安となる。

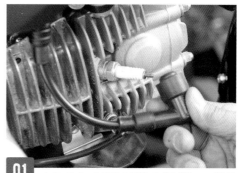

01 メインスイッチOFFの状態でプラグキャップを外す。コード部分を持って作業しないこと

02 プラグ周囲のゴミを取り除いてから16mmのプラグレンチでプラグを緩めて外す

03 外したプラグ。純正指定はNGKのCPR8EA-9Sとなっている

04 新品プラグ取り付け時は、まず手でリング状のガスケットがエンジンに接するまでねじ込む

05 次に工具を使い10〜12N・mのトルクで締めるか、1/2（再使用時は1/12）回転締め込む

FUSE INSPECTION
ヒューズの点検

他に異常がないのに特定の電装部品が動かない場合、ヒューズ切れの可能性がある。切れていない場合はショップに相談だ。

01 ヒューズが入ったヒューズボックスにアクセスするため、センターカバーを取り外す

02 そのままではヒューズボックスの蓋が開けづらいので、バッテリーカバーを外す。カバーは左右2点でビス留めされているので、プラスドライバーを使いそれを取り外す

03 バッテリーカバーを手前に引き出し、ヒューズボックスの蓋を取り外す

CHECK

やりづらいが裏側の爪（矢印）を操作することでヒューズボックスをバッテリーカバーから外すこともできる

ヒューズボックスの蓋には、各ヒューズがどの電装部品を担当しているのかを示す図とスペアヒューズ、取り外し工具が取り付けられている

04

05 点検するヒューズを付属工具で挟んで引き抜く。小さなヒューズなので手で外すのは難しい

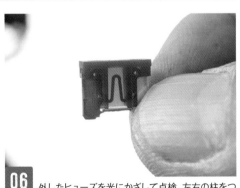

06 外したヒューズを光にかざして点検。左右の柱をつなぐ細い線が切れていないかを確認する

DETACHMENT OF LEG SHIELD
レッグシールドの脱着

スーパーカブのエンジン周り等で整備等をする時、邪魔になることがあるのがレッグシールド。ここではその脱着手順を説明していく。部品の組み合わせが重要なので、取り付け時は特に気を配ろう。

 取り外し

レッドシールド本体を固定するプラスビスは側面各3本と上面1本の計7本となる

01

02 ここでは一番下側のビスから外していく。使用するのはプラスドライバーだ

03 このビスにはワッシャも併用されている。指を添えながら外すと落として紛失するのを防げる

04 続いて一番後ろのビスも同様にして取り外す

05 次に上側のビスも外す。左側は写真のようにラギジフックと共締めになっている

06 次に車体前側に回り、フロントカバーを固定しているプラスビスを取り外す

フロントカバーを取り外す。○印の部分で上側は上下方向、下側は前後方向にレッグシールドと爪で噛み合っているので、まず下側を前に引き出してから全体を上にずらして外す

07

上側の爪の噛合部にある、コンビネーション＆ロックスイッチカバーの固定ビス2本をプラスドライバーで抜き取る

08

後方に引いてコンビネーション＆ロックスイッチカバーを取り外す。やや固いので、車用の内装外しがあると便利

09

CHECK

このカバーには指を指した部分に爪があるので、これを折らないよう、まっすぐ後ろに引くこと

レッグシールド前部を少し開き、フレーム等を避けながら後方にずらしていく

10

他の部品に当てて傷を付けないよう注意しつつ、後端を起点に後ろに回すようにしてレッグシールドを取り外す

11

取り付け

以上でレッグシールドを外すことができた。外したレッグシールドは邪魔にならない場所に保管しておこう

12

取付作業に入る前に、傷を付けないよう、接触する可能性の高いシート下のカバー部に布を被せて保護しておく

01

後端をシート下に収めてから下に向かって回すようにして前側を取り付ける。この時ハンドルカバー等に当たらないよう、適宜前側上端を開きながら取り付けていこう

02

レッグシールドの固定ビスを仮留めしていく。まず中央上面にあるここから

03

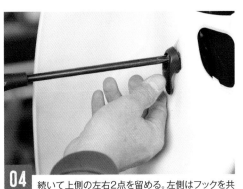

04 続いて上側の左右2点を留める。左側はフックを共締めするのを忘れないこと

05 下側の左右4点も留める。エンジン前側の2点はワッシャ併用なので注意

06 コンビネーション＆ロックスイッチカバーを取り付ける。爪の部分はそのまま押せばロックできる

フロントカバーは、まず上側の爪をかけてから取り付け、ビスで固定。全体の取り付けに無理がないことを確認したら、仮留めしていたビスを本締めすれば完了

07

CROSS CUB / SUPER CUB CUSTOM SELECTION

クロスカブ／スーパーカブ カスタムセレクション

写真=鶴身 健 / ダートフリーク / キジマ / キタコ

スタイリッシュに
実用性をアップする

　街乗りだけでなくツーリングにも最適なクロスカブ。そのツーリング時の使い勝手や快適性をアップするスタイルに仕上げられた。やはり目が行くのはレッグバンパーで、転倒時のダメージを低減しつつ付属シールドにより走行風による疲労をも減らしてくれる。各パーツの取り付け方法はカスタムメイキングのコーナーで解説しているので、ぜひそちらも読んでほしい。なおスペシャルパーツ武川では得意とするエンジンチューニングパーツも開発中とのこと。今後にも注目だ。

1. 防風効果の高い大型スクリーン、ナックルガード、オリジナルのハンドル＆ミラーをセット　2. フロントキャリアとヘッドライトガードでヘビィデューティ感を演出。ウインカーはブレイズウインカーとする　3. クロムメッキレバー、2ピースバーエンドでドレスアップする。メーター下に見えるのは各所ホルダー取り付けに便利なハンドルガードだ　4. シールドがセットされたレッグバンパーには専用のLEDフォグランプが装着されている。またヘッドライト下には視覚的ワンポイントを追加するエンブレムキットを取り付ける

スペシャルパーツ武川　http://www.takegawa.co.jp

5. アップタイプのエキパイと2本出しサイレンサー、クラシカルなデザインのプロテクターによりスタイルを一変させるスクランブラーマフラー（アップ）。安心の政府認証品ながら出力性能も向上する　6. フローティング化により安定したブレーキ性能が得られ、また軽量化も実現したフローティングディスクローターを装着　7. 実用性とデザイン性を高める形状で作られたアルミ製のセンターキャリア。太めのパイプにより存在感が高いパーツだ　8. リアブレーキは軽い力でブレーキングできるアルミ鍛造強化ブレーキアーム、ゴールドのブレーキアームジョイントでまとめる　9. オリジナルのリアショック、チェーンケース、サイドバッグサポートを装備。実用性とスタイルの両立を象徴する部分といえる　10. リアキャリアには簡単に脱着できるピリオンシートを取り付け、タンデム時の快適性を向上する

硬軟併せ持つ
巧みなセットアップ

オフロードバイクのスペシャリストであるダートフリークが手掛けたクロスカブは、オフロードでのハードユースに耐えるパーツと気軽なデイリーユースにマッチしたパーツを組み合わせ、マルチなシーンに似合うようセットアップされている。ハンドルガードや可倒式ビレットレバー、オフロード専用ミラー、オリジナルハンドルを使いハンドル周りをハイグレードにまとめつつ、木製ボックスやフィッシングロッドホルダーで柔らかな印象を付け加えている。そのバランス感は見事の一言だ。

1. 丈夫なアルミ製フレームとポリカーボネート製プロテクターで作られたZETAヘッドライトガードを装着　2. 開発中のZETAアドベンチャーアーマーハンドガードに、DRC161オフロードミラーを組み合わせ、ハードなオフロードバイク感を生み出す　3. 可愛らしさを感じさせるDRCアルミフロントキャリアは純正キャリアに馴染むデザインがポイント 4. ZETAピボットレバーはアルミ削り出しの可倒式で、転倒時の破損を最小限に抑えてくれる機能性もそうだが、見た目にもカスタム効果抜群のアイテムだ

ダートフリーク　https://www.dirtfreak.co.jp

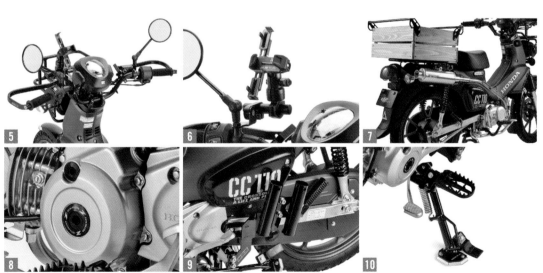

5. ハンドルはZETAスペシャライズドハンドルバーにチェンジ。クロスカブ110専用品で、オフロードでの走行性能と安定性を重視したワイドベンドタイプ　6. ミラーマウントのZETAアジャスタブルマウントバーを使いタフロックスマートフォンマウントを取り付ける　7. アップタイプのマフラーは開発中のDELTA BARREL-4-S サイレンサーマフラー。リアキャリアには杉材で作られたカントリーボックスを配置　8. エンジン左サイドに個性を加えるZETA エンジンプラグを装着　9. 渓流釣りなどに使いたいフィッシュロッドホルダーをスイングアームピボット部に取り付け　10. 悪路で効果を発揮するDRC ワイドフットペグ ミッドとZETA サイドスタンドエクステンダー

スッキリ仕上げた
シティコミューター

　元からそうであったようなマッチングを見せるダブルシートが特徴のクロスカブ。キジマが作り上げたこのカスタムは、街乗りにピッタリマッチすると思わせてくれる。

　リアキャリア撤去で減少した積載性はサドルバッグサポート、グラブバー装着でしっかりリカバー。一方でドレスアップ用のエクステリアパーツを取り付けることで、街中でも映える個性を生み出している。また注目したいのがLEDフォグランプ。夜間等での安全性を上げるだけでなく差別化を図ることができる。

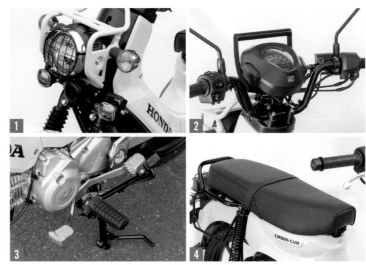

1. ヘッドライトストーンガード＆LEDフォグランプと灯火類カスタムによりフロントマスクに押し出しを追加する　2. スマホやナビを見やすい位置にセットできるマウントバーステーはメーター下に取り付けるタイプ　3. 足元に遊び心を加えてくれる、踏部が足型になったチェンジペダルシーソー　4. タンデムライダーの快適性を大幅にアップするのは当然として、スッキリとしたスタイル作りに大きく貢献しているダブルシート。スプリング式ロック付きで確実に開閉ロックできるにも関わらずボルトオン構造となっている

キジマ　https://www.tk-kijima.co.jp

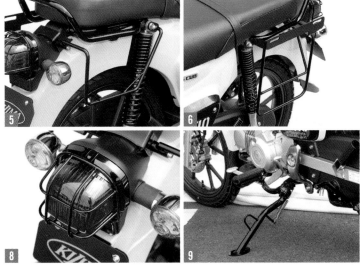

5. ブラックタイプのサイドバッグサポートを取り付け、人気のサイドバッグを安全に装着できるようにしている　6. 左サイドには、長さを100mm延長し、より大きなバッグを取り付けられるようにしたバッグサポートラージをセレクト。標準、ラージともに左右セットも設定されている　7. タンデムライダーが握ることで走行時により安心安全を得られるだけでなく、ツーリングネット等を掛けられたり、センタースタンドを立てる時のグリップになったりと、様々なメリットが得られるグラブバー　8. テールランプにはテールランプガードを取り付け、ヘビィデューティな雰囲気を付け加えている　9. 沈みやすい柔らかい土の上や、ツーリングで荷物を満載している状態で駐車する際、より安定して駐めることができる、接地面を拡大したワイドタイプのサイドスタンドを装備。接地面のみを後付けするタイプに比べ、スマートな外観が得られるアイテムだ

的確な部品選択で
カスタム感を生む

　多くのライダーがイメージする
スーパーカブらしさは維持しつつ、
カブオーナーからすればしっかり
としたカスタム感を感じさせる部品
チョイスが見事なキジマのデモ車
両。オリジナルのリアキャリアとダブ
ルシートで実用性を保ちながらフォ
ルムを大きく変更。そこにメーター
バイザー、フォグランプ、サイドバッ
グを追加することで、実用車イメー
ジから一線を画することに成功して
いる。ツーリングの友としても長年
愛されるスーパーカブ。その用途
にもぴったりなカスタムだ。

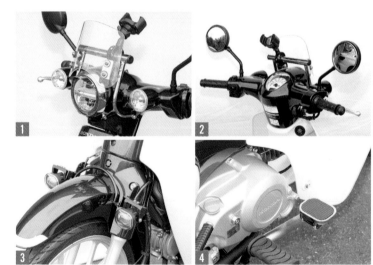

1.2. スマホマウント等の取り付けも可能なメーターバイザー、ヘッドライトバイザー、クリ
アウインカーレンズ、Z2タイプミラーでまとめたハンドル周り　3. フロントフェンダーサ
イドにはLEDフォグランプを取り付け。夜間走行時の安心感を増してくれるアイテムだ
4. ペダルカバー取り付けで高級感をアップしたブレーキペダル

キジマ　https://www.tk-kijima.co.jp

5. 先端が足型になったサイドスタンドゴムで遊び心も忘れない　6. カブにコミューターイメージをもたらしてくれるダブルシートを取り付け。大きな部品だけに車体イメージの刷新に効果的だ　7. ツーリングに便利なサイドバッグを、リアホイールへ巻き込まず取り付けられるサイドバッグサポート。テールランプガードはハードな雰囲気作りに貢献している　8. 左サイドにはより大型のバッグに対応したバッグサポートラージを使いK3タクティカルサイドバッグを装備する。ダブルシート用リアキャリアと相まって充分な積載量を確保している　9. キジマでは円形デザインで人目を引くLEDテールランプも販売している。個性的なリアビューを追求したいなら、おすすめのパーツと言えよう

キタコ　https://www.kitaco.co.jp

カブの魅力を
確実にアップする

　　キタコのデモ車であるこのスーパーカブ。ライトカスタムではあるが、ポイントを上手く押さえているだけに魅力は充分。カスタムの参考になる人も多い1台となっている。

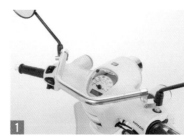

1. 定番となったスマホホルダーの取り付けを可能にするフロントファッションバーを取り付け　2. ゴールドのタイミングホイールキャップ、ブラックのクランクケースガードを取り付けエンジンをドレスアップ　3. コンパクトでスタイリッシュなファッションリアキャリアーを装着する。カスタムフォルムを作り上げながら実用性も失わない　4. キタコが蓄積したミニバイクのノウハウを投入して作られたリアショック。ブラック＆イエローのカラーでエクステリア効果も得られる高性能サスペンションだ

キタコ　https://www.kitaco.co.jp

定番パーツで
手堅くまとめる

カブ系のカスタムで人気なのがセンターキャリア。視覚効果も大きなパーツを使いつつ、マルチパーパスバー、リアショックという、こちらも人気のパーツを追加している。

1. 各種ホルダーの取り付けに便利なマルチパーパスバー　2. 新旧問わずカブ各車で取り付け例の多いセンターキャリア。キタコ製はファッションセンターキャリアーという製品名に違わぬスタイリッシュさを持つ　3. キャリアは実用性を損なわずスタイルアップを図れる小型のファッションリアキャリアーに変更　4. クロスカブ用の全長371mm設定となるリアショックは、同社のノウハウを投入した一品。各色あるなかからブラックタイプを装着して、全体のスタイルを引き締めている

CROSS CUB 110
CUSTOM MAKING

クロスカブ110　カスタムメイキング

自らの手でいじるのは代表的なバイクの楽しみの1つ。特にカスタムは完成後の変化もあり喜びが大きいが、やり方に戸惑うこともある。そこでこのコーナーでは、人気の高いカスタムパーツの取り付け手順を解説していく。

取材協力=スペシャルパーツ武川　http://www.takegawa.co.jp/　Tel.0721-25-1357　写真=鶴身　健

SPECIAL THANKS

スペシャルパーツ武川
打田 勇希 氏

同社製品のテストやコンプリートエンジンの製作を手掛ける。幅広い知識と豊富な経験を活かし、今回も実践的なアドバイスをしていただいた。

SP武川のアイテムでドレスアップ！

新型エンジンにキャストホイール＆ディスクブレーキで魅力を増したクロスカブ110。比較的シンプルなスタイルなので、カスタムベースとしての素性も高く、様々なスタイルへと変貌できる。ここではスペシャルパーツ武川のパーツを用い、実用性アップを中心としたカスタムパーツの装着手順を解説していく。いずれもクロスカブカスタムで人気のパーツなので、参考になるのは間違いない。ぜひとも愛車のカスタマイズ実践の参考にしてほしい。

1. 実用性とスタイル、両面での効果があるフロントキャリアとヘッドライトガードを装着する。ウインカーもスモークレンズとしていく　2. 性能だけでなくスタイルにも優れるスクランブラーマフラー。高性能リアサスで操縦安定性も向上させる　4. 転倒時の破損を軽減し防風効果により疲労も抑えられるレッグバンパー＆シールド。暗い道を明るく照らし、被視認性も上げることで安全走行に貢献するLEDフォグランプも取り付ける

装着アイテムリスト

- スクランブラーマフラー
- サイドバッグサポート
- レッグバンパー＆シールド
- LEDフォグランプ
- アルミチェーンガード
- アルミセンターキャリア
- フロントキャリア
- ヘッドライトガード
- ハンドルガード
- スクリーンキット
- リアブレーキペダル
  ピボットキャップ
- ピリオンシート
- ナックルガード
- ブレイズウインカー
- スモークテールレンズ
- リアショック
- ハンドル

ヘッドライトガードと
フロントキャリアの取り付け

フロント周りの定番アイテム、ヘッドライトガードとフロントキャリアを取り付ける。ヘッドライトの処理を丁寧に実行する必要がある作業だ。

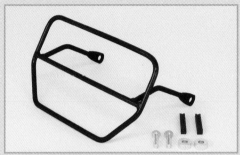

ヘッドライトガード
クロスカブのトレッキングスタイルアップに必須のアイテム。インパクトのあるフロントマスクを作り出すことができる。同社製フロントキャリアとの同時装着が可能　　　　¥9,570

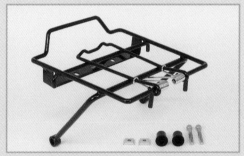

フロントキャリアキット
クロスカブ専用に作られた、通勤通学のカバンやキャンプツーリングでのシュラフ、雨具等を積みたいキャリア。バインダー付属で地図等を挟める。メッキとブラックの2種。許容積載量重量は1kg　　　　¥11,880

ヘッドライトのレンズ部分を取り外すために、下側、左右各1本ずつあるビスをプラスドライバーで外す

01

ビスを外したら、下側から開くようにして上端にある爪を外し、ヘッドライトレンズをケースから取り外す
02

ヘッドライトケースをステーに固定しているボルトを10mmレンチで緩める
03

CHECK

ヘッドライト固定ボルトは、この板状ナットと噛み合う。これが組立時に脱落しやすいので気をつけること

緩めたボルトを抜きヘッドライトを前方に出しスペースを作る。上記ナットを脱落させずに作業できるなら、必ずしもレンズを外す必要はない
04

81

10mmレンチで
ウインカーを固
定しているボル
トを緩めて左右
とも外しておく

ヘッドライトケー
スとヘッドライ
トステーの間に
ヘッドライドガー
ドをセットする。
ヘッドライトは布
等で保護しなが
ら作業しよう

06

07 ガードの固定穴とウインカー固定穴を合わせた時、ヘッドライ
トステーのガードが支えられる位置に付属ラバーを貼る

ガードとヘッドラ
イトステーの間
にカラーを挟み
ながら付属ボル
トを3つのパー
ツに通す

08

先程通したボル
トを8mmレン
チで本締めし、
ヘッドライトガー
ドを固定する。
場所が狭いので
小さな工具を用
意したい

09

フロントキャリ
アをヘッドライト
ステーに添わせ
た状態で、ヘッ
ドライト固定部
の凹みに付属カ
ラーをあてがう

10

カラーが落ちないよう支えながらキャリアの固定穴とヘッドライト固定穴を合わせ、付属のボルトを差す。不用意にボルトを差すとケース内の板ナットが脱落してしまうので、ボルト先端が当たる感触がしたら回しながらボルトとナットを噛み合わせるようにしよう **11**

付属のボルトと板ナットを使い、キャリア上側をヘッドライトステーに仮留め **12**

13 取り付けに無理がないことを確認できたら、固定ボルトを本締めする。サイドは10N・mで使用工具は5mmヘキサゴン

上側は4mmヘキサゴンレンチを用いて10N・mで締める。外していた場合、ヘッドライトレンズを戻し、光軸を調整する **14**

マフラーとリアショックの交換

アップマフラーを取り付けるので、固定位置が重なるリアショックも合わせて取り付ける。作業はメインスタンドを掛けた状態で行なうこと。

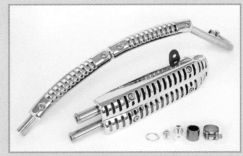

スクランブラーマフラー（アップ）
CL72スタイルをモチーフにレトロ感あふれるスタイルに仕上げたマフラー。高い排気効率で中・高回転域でパワーアップを実現する。政府認証品

¥54,780

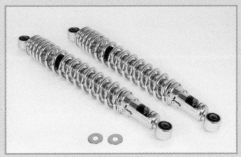

リアショックアブソーバー
減衰力とバネレートを見直し、路面への追従性を高めることで安定した走行を楽しめるノーマル長のリアショック。バネの色は赤、黒、黄、メッキの4種が選べる　¥18,150

リアクッションマウントナット(8ホール)

リアショック固定部に取り付けるドレスアップナット。穴あけ
加工をしデザイン性を高めた8ホールタイプ。色は写真のブ
ラックの他に、レッド、ブルー、シルバーからも選べる

¥6,380

POINT

01 エンジンに傷を付けないよう、エンジンとステップバー /
ブレーキペダルの間に布を挟んでおく

02 ステップバーを外すので、エンジン下にある固定ボルト4本
を12mmレンチで緩める

03 ブレーキペダル
を下げ隙間を作
りステップバー
を外す。これを外
すとブレーキペ
ダルは通常より
上がりエンジン
に当たるので保
護が必要なのだ

04 マフラー先端の
フランジをエン
ジンに留めてい
る2つのナットを
12mmレンチで
外す

05 マフラーの中ほ
どを吊るしてい
るピボットシャフ
ト部のナットを
19mmレンチを
使い外す

06 ブレーキペダルを下げ、スペースを作りながらマフラーを車
体から取り外す

先程外したピボットシャフトのナットを59N·mのトルクで締め付ける

07

ステップバーも元に戻し、固定ボルトを27N·mのトルクで締め、固定する

08

ノーマルのリアショックを外す。リアショックの脱着は片側ずつしていく。まず左側の上下固定ナットを14mmレンチで緩めて外し、その下にあるワッシャも抜いておく

09

リアショックをまっすぐ横に引いて取り外す

10

武川製のリアショックを取り付ける。上の取付部が飛び出た側を車体に向けること。同じ手順で右側のショックも入れ替える

11

12 左側リアショックの固定部に、ワッシャは使わずに武川製のリアクッションマウントナットを取り付ける

85

メインスタンドを外し、後輪が地面に着いた状態（サイドスタンドを掛けた状態）で上下のナットを29N・mのトルクで締める **13**

右側リアショックの上側固定部は、純正ワッシャを付けてからマフラー付属のピボットナットを取り付ける **14**

POINT

15 上下のナットを29N・mのトルクで締めるが、上は深めの21mmディープソケットでないと干渉するので注意

サイレンサーのエキゾーストパイプ差込部に、内側と外側に液体ガスケットを塗った付属ガスケットを、突き当たるまで差し込んでおく **16**

次に差込部外側に固定バンドを差し込む **17**

エンジンのマフラー取り付け口にある古いエキゾーストパイプガスケットを付属の新品に交換。エキゾーストパイプをエンジンにセットし、ノーマルの固定ナットで仮留めする **18**

エキゾーストパイプにサイレンサーを差し込む **19**

付属のボルトでサイレンサーを14で取り付けたピボットナットに仮留めする **20**

17で付けたバンドを10mmレンチで動かなくなる程度まで仮締め。各部のクリアランスを調整し、無理なく装着できているか確認する **21**

各部を本締めする。まずエキゾーストパイプのフランジ部のナットを、左右均等に複数回に分け18N・mのトルクで締める **22**

サイレンサーが動かないよう手で押さえつつ、固定ボルトを25N・mで締め付ける **23**

バンドの締め付けトルクは12N・mとなる **24**

サイレンサー用プロテクターの固定ボルト穴にマウントラバー取り付ける **25**

26 マウントラバーにはカラーも併用する構造となっている

カラーをラバーとツライチになるよう差し込む。これを他の3ヵ所でも行なう

27

28 プロテクターをサイレンサーにセットし、付属のプラスビスで仮留めする

エキゾーストパイプ用プロテクターは、パッキンを間に入れた固定ビスを差した状態でエキゾーストパイプにあてがい、プラスビスで仮留めする

29

30 無理なく取り付けられているのを確認したら、マフラーの固定ビスを9N·mのトルクで本締めする

エキゾーストパイプ側のプロテクターも9N・mのトルクで締める。最後に付着した手脂をマフラー全体から拭き取ったら完成

31

レッグバンパーとLEDフォグランプの取り付け

この2つのパーツの取り付けは、幅広い部分で作業することになる。手順をしっかり頭に入れてから作業に挑むことが大切になってくる。

レッグバンパー＆シールドキット
φ25.4mmスチールパイプを採用した強固なサイドバンパーと風防効果が得られるレッグシールドのセット。レッグシールドは4タイプあり　　　　　¥54,780

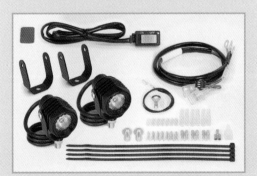

LEDフォグランプキット3.0 SP武川製
レッグバンパー＆シールドキット装着車用
上記レッグバンパー＆シールドキットとの同時装着が前提となるLEDフォグランプキット。取り付け時は簡単なギボシ加工が必要となる　　　　　　　　　¥18,150

ハンドルポストフロントカバーを外す。固定用プラスビスが2本あるので、それを抜き取る

01

ビスを外したカバーを前方に引いて取り外す

02

フロントカバー固定ビスをプラスドライバーで外す

03

04 フロントカバーを外す。写真のようにライトステーの間から抜くようにすると外しやすい

CHECK

フロントキャリアが付いていると04のように外せないので、ヘッドライトステー後方の隙間から外していこう

ヘッドライトを固定しているボルトを10mmレンチで外し、ヘッドライトを前に出し後ろにスペースを作る

05

p.84を参考にステップ周りを保護しつつステップバー固定ボルトを12mmレンチで全て抜き取る。このボルトは再使用するので保管しておく

06

使用するボルト位置を間違わないよう、まず1本だけ付属ボルトをアタッチメントに差し、それをステップとエンジンに通し仮留めする。それから各部の穴位置を合わせながら残りのボルトを仮留めする

07

CHECK

ステップバーにアタッチメントを共締めしていくが、使用ボルト穴位置が形式で異なるので説明書で確認しておく

08 仮留めとしていたボルトを22N·mのトルクで本締めする

ステップバーを
固定していた
純正ボルトを
使い、バンパー
とホルダー、ア
タッチメントを
接続する

11

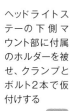

ヘッドライトス
テーの下側マ
ウント部に付属
のホルダーを被
せ、クランプと
ボルト2本で仮
付けする

09

10 先に取り付けたアタッチメントとホルダーにバンパー本体を
セットする

12 バンパーにアンダーガードを仮付けする。接続は付属のボタ
ンヘッドスクリューで行なう

13 各部の取り付けに無理がないかを確認した後、バンパー固定
部を本締めする。前部は27N·mのトルクで締める

14 続いて後部も、12mmレンチを使い27N・mのトルクで締め付ける

15 ヘッドライトステーに取り付けたホルダーの固定ボルトを5mmヘキサゴンレンチを用い12N・mのトルクで締める

アンダーガード固定ボルトの指定締め付けトルクは8N・m **16**

レッグバンパーにシールドを取り付ける。まず上下のベルクロを留め、外側に向かって引くようにしてシールドをピンと張った後、斜め部分のベルクロを留めると、きれいに付けられる **17**

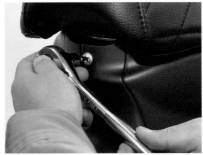

配線処理をするため、センターカバーを外していく。まずシート下にあるこのプラスビスを外す **18**

前側のプラスビスも抜き取っておく **19**

20 先に前側を持ち上げ、全体を前にずらすようにしてセンターカバーを取り外す

メインパイプカバーを外すので、写真の位置にあるプラスビス、片側3点、計6点を外す **21**

22 他との干渉に気をつけメインパイプカバーを一体で外す。カバーは左右分割式だが、分割すると組付けが大変だからだ

写真位置にある左右ボディカバーを留めているプラスビスを外す **23**

プラスビス下にはゴムワッシャがあるので抜き取っておく **24**

右サイドカバーを留めているビスをプラスドライバーで外す。現車はサイドカバーノブに替えられているので手で外せた **25**

26 後方に押し、後部と上部にある噛合を外してから、前に押してサイドカバーを外す

27 サイドカバーを外すと現れるプラスビスを緩めて外す

28 シートを開け、写真位置にあるプラスビスを取り外す

29 トリムクリップ2つを外していく。1つめはこの位置にある

30 もう1つはこの位置。中央をペン等で押して凹ませるとロックが解除されるので、クリップを引き抜く

CHECK

トリムクリップは、上の状態で抜き取ることができるが、そのままでは取り付けができない。中心の棒を押し戻し、写真下のように中央部が飛び出た状態にする。この突起部を押し、表面が平らな状態にするとロックされクリップが抜けなくなる

31 干渉してしまうので、キックペダルを押し下げた状態で右側ボディカバーを外す

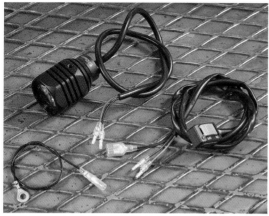

32 アースコード、フォグランプ、スイッチに電工ペンチでギボシを取り付ける。写真は取り付け終わった状態

リアブレーキスイッチにつながる2本の配線のうち、黒線のギボシを分割し、間にサブハーネスの黒/白を割り込ませる

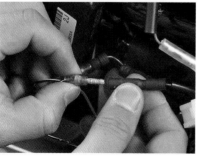

33

CHECK

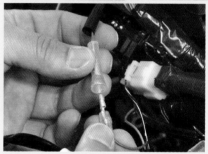

使用するサブハーネスはタコメーター等と共通。LEDフォグランプでは不要だが併用、または今後付ける可能性があるなら、上の写真位置のメインハーネスにテープ留めされたギボシをテープを外して取り出し、サブハーネスの赤線を接続しておくのをすすめる

10mmレンチでアースポイントのボルトを外し、サブハーネスおよび付属のアース線の丸端子を間に入れて固定し直す

34

LEDフォグランプのステーに写真の向きで付属ボルトを差し、それにワッシャを取り付ける

35

ステーの先端が上向きになるよう、ステーをレッグバンパーに仮留めする **36**

シールドに空いた穴にLEDフォグランプの配線を通しておく **37**

付属ボルトでLEDフォグランプをステーに取り付け、手で動かせる程度に仮締めしておく **38**

POINT

39 LEDフォグランプの配線を車体中央に取り回す。ハンドルを左右に切っても干渉しない位置にすること

結線していく。両LEDフォグランプの黒線をサブハーネスの緑線につなげる **40**

同じくLEDフォグランプの赤線は、スイッチの黒/白線のダブルギボシに接続する **41**

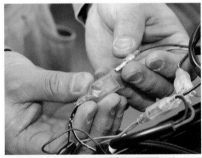

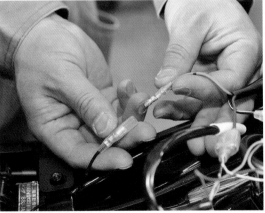

42 スイッチの赤線はサブハーネスの黒白線に、緑線はアース線のギボシに接続する

CHECK

結線が終わった状態。3Pカプラーやサブハーネス白黒線
ダブルギボシの1つは何もつながらないのが正解だ

両面テープでスイッチを邪魔にならない位置に貼り付ける。今回はハンドルポストカバーに設置した

43

メインスイッチとLEDフォグランプのスイッチをONにし、点灯を確認。光軸を調整する。対向車が眩しくない向きにすること

44

LEDフォグランプとステーにまたがるようにマスキングテープを貼ったら印線を書き、境目に沿ってテープを切っておく

45

LEDフォグランプを一旦外し、ステーの固定ボルトを5mmヘキサゴンレンチを使って15N・mのトルクで締める

46

LEDフォグランプを先程のテープを目安に取付角度を再現して付けたら、固定ボルトを4mmヘキサゴンレンチを用い8N・mのトルクで締める

47

POINT

48 ボディカバーを後端にある爪（矢印）を噛み合わせながら車体にセットする。○印の爪は意識せずとも自然に噛み合う

カバーをセットしたら、まず写真位置をプラスビスで固定する

49

トリムクリップを2つ差し、先端を押してロック。サイドカバー部のプラスビスを留めたら、サイドカバーを取り付ける

50

ゴムワッシャを取り付けてからプラスビスでボディカバー前側をビス留めする
51

52 干渉に注意しながらメインパイプサイドカバーを車体に被せ、ビスで固定する

フロントカバーを車体に戻す
53

CHECK

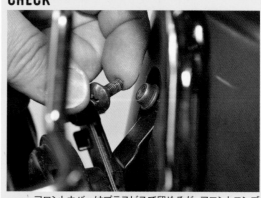

フロントカバーはプラスビスで留めるが、フロントエンブレムキットを装着している場合、別のボルトを使う

ハンドルポストフロントカバーをセットし、プラスビスで留めたら完成となる

54

アルミセンターキャリアの取り付け

センターキャリアは密着して取り付ける構造上、雑に作業すると外装部品に傷をつけてしまうので、養生をした上で慎重に作業を進めていこう。

アルミセンターキャリアキット
実用性とデザイン性を高めたパイプ径と曲げ形状を採用したアルミ製センターキャリア。ショットブラストアルマイト仕上げ。カラーはシルバーとブラックがある。許容最大積載重量は1kg　　　　　　　　　　　　　　¥17,600

メインパイプサイドカバー全体に布等を被せ保護した状態でアルミセンターキャリアをセット。後ろ側の固定部はカバーとの間にワッシャを挟みつつ、付属の固定ボルトで仮留めする **02**

メインパイプサイドカバーを固定している、左右4点のプラスビスを抜き取る **01**

03 前側は段付きのカラーを、飛び出た方を車体側に向けてセットしアルミキャリアを仮留めする。使用工具は5mmヘキサゴン

04 4点とも無理なく仮留めできたのを確認したら、すべてのボルトを対角で少しずつ、最終的に10N·mのトルクで締める

アルミチェーンガードの取り付け

実用車然とした姿から一気にスポーティなフォルムにできるチェーンガード。取付作業も難しくないので初心者にもおすすめのメニューだ。

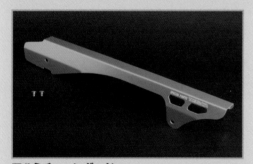

アルミチェーンガード
純正ドライブチェーンケースから交換することで、スッキリ、スタイリッシュなイメージを創造できるアイテム。本体はアルミ製で、耐腐食性に優れたステンレス製取り付けボルトが付属している　　　　　　　　　　　　　　¥7,920

02 チェーンケースを下から順に上下とも取り外す

チェーンケースをスイングアームに固定している4本のボルトを10mmレンチで緩めて外す　**01**

アルミチェーンガードを上側チェーンケースの固定ボルト穴に合わせてセットし付属ボルトで仮留めする　**03**

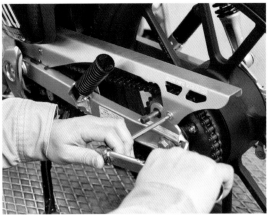

04 干渉等の問題が発生していないことを確認したら、4mmヘキサゴンレンチで固定ボルトを7N·mのトルクで締めて完成

CHECK

**アルミチェーンガードに交換すると、アルミ製の
チェーンアジャストナットが取り付けできる**

10mmレンチと12mmレンチを使い、ロックナットとアジャストナットを緩めて取り外す

ワッシャとスプリングワッシャを間に入れつつアジャスターを取り付ける

サイドバッグサポートの取り付け

左右にサイドバッグサポートを取り付ける。固定
はリアショックの上側マウントを使用するので、リ
アショックに関連した作業と同時に実行しよう。

サイドバッグサポートL
容量5L程度のサイドバッグを、後輪に巻き込まれることなく
安全に取り付けるためのサポート。タンデムステップの使用
も可能な構造 　　　　　　　　　　　　　¥13,200

左リアショック
の上側固定ナッ
トを14mmレン
チで外し、その
下のワッシャも
取り外しておく

01

テールライトユ
ニットの左側面
にあるボルトを
5mmヘキサゴ
ンレンチで抜き
取る

02

写真の位置にあるリアキャリア固定ボルトを12mmレンチで緩めて外す **03**

ブラケットを後方の隙間から差し込み、その先端を先程ボルトを外したキャリアの固定ボルト穴の上にセットする **04**

ブラケットとキャリアの間に付属のプレーンワッシャを挟む **05**

付属のボルトを使い、ブラケットとキャリアをフレームに仮留めしておく **06**

間にカラー(内径6.3mm)を挟みつつブラケット後部を付属ボルトで仮留めする **07**

リアショック上部にカラーを差し込む **08**

サポート前側をリアショックの取り付けシャフトに差す **09**

10 後ろ側をブラケットに添わせたら、間にカラー(内径9mm)を入れつつ付属のボルトを使って接続する

サポートとブラケットの固定ボルトを、サポートがぐらつかない程度に仮締めしておく

11

リアショック上部に固定ナットを取り付ける。これも仮締めとしておく

12

問題なく各部品がセットできているのを確認したらボルトを本締めする。ブラケット後部のトルクは10N·m

13

14 リアショックのマウントナットは29N·mのトルクで確実に締め付ける

サポートとブラケットの固定ボルトは8mmヘキサゴンレンチを使い22N·mのトルクで締めていく

15

16 ブラケット前側の指定トルクは32N·mとなっている。改めて装着状態を確認したら完成となる

ブレイズウインカーの取り付け

ウインカーレンズの交換作業自体は簡単。だがうっかりミスでウインカーが点灯しない可能性があるので、走る前の動作確認は必ずしよう。

ブレイズウインカー
無点灯時、点灯時問わず車体を美しく演出するウインカーレンズと専用バルブの2個セット。レンズカラーはスモーク、クリア、オレンジの3タイプが設定されているが、今回はスモークをチョイスした　　　　¥4,950

ウインカー下面にあるプラスビスを外し、レンズ部を外す。レンズ上側に爪があるので、下から引き出すようにして外す **01**

ソケット部を保持しレンズをひねってロックを解除して、レンズを取り外す **02**

押しながら回してロックを解除してから、ノーマルのバルブを取り外す **03**

CHECK

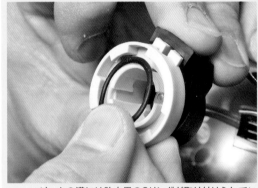

ソケットの溝には防水用のOリングが取り付けられている。作業中外れてしまったら、溝に戻しておくこと

キットに付属するアンバー色のバルブを接点に注意して取り付ける **04**

ソケットとレンズの爪と窪みを合わせてセットしたら、レンズをひねってロックする **05**

レンズ部の爪をウインカー本体にかませながら取り付ける **06**

07 純正のプラスビスでレンズを固定する。左右とも取り付けたら動作確認をする

スモークテールレンズの取り付け

カスタム感を生むクリアスモークタイプのテールレンズを装着する。付属する赤色バルブの加工がポイントとなる作業だ。

スモークテールレンズキット
ノーマルのテールランプレンズと交換するだけで透明感を出しながらシックなイメージに変身。赤色のバルブが付属している　　　　　　　　　　　　　　　　　¥3,410

テールランプレンズを留めている写真位置のプラスビス2本を取り外す

レンズは上端部に爪があるので、それを軸に開くようにして取り外す

押しながら回転し、ロックを解除しながらノーマルのバルブを取り外す **03**

CHECK

レンズとテールランプ本体との間には防水用のゴムがある。レンズ取り外し時にこれが本体の溝から外れることがあるので、もしそうなったら先の細い棒を使い、溝に収めておく

POINT

04 付属赤色バルブは、取扱説明書を参考に写真のようにコーティングを削り、ナンバーを白く照らせるようにする

05 向きに注意して加工したバルブを取り付ける

バルブに付着した手油を拭き取り、熱による破損を防止する **06**

07 上側の爪を最初に噛み合わせながらレンズをテールランプ本体にセットしたら、純正ビスで固定する

ピリオンシートの取り付け

快適なタンデムランをもたらしてくれるピリオンシート。工具無しで脱着できるので、使用用途に合わせて気軽に使い分けることができる。

ピリオンシート（300×300／ブラック）
純正キャリアに合わせた差し込み形状と固定フックを採用することで、工具無しで簡単装着できるピリオンシート。特殊スポンジ採用で乗り心地も良い、タンデム派のライダーは必見のアイテム　　　　　　　　　　¥9,350

01 ピリオンシート裏面前側には3つの爪があり、これをキャリアの中央にある3つの溝に掛ける構造となっている

02 シート後方のロックの爪が前を向いた状態で、前側の爪を
シート前方中央部を押しながらからキャリアに差し込む

03 前側の爪が噛んだのを確認したら、後ろ側のロックを下に引
きながら回して爪を内側に向け、キャリアに噛ませる

04 これが正しくロックできた状態。小さな爪がキャリアを左右に
走るプレートに掛かっていることに注目してほしい

リアブレーキペダルピボットキャップの 取り付け

アップマフラーの取り付けで視覚に入りやすくな
るブレーキペダル付け根をドレスアップするパー
ツを取り付ける。ちょっとしたコツが必要だ。

リアブレーキペダルピボットキャップ
アップマフラー取り付け時に目立つリアブレーキペダルピ
ボット部の穴に取り付けることで、ワンポイントドレスアップ
ができるアイテム。デザイン性を高めた8ホールデザインで
カラーはブルー　　　　　　　　　　　　　　¥2,200

ピボットキャップ
にボルトを通し、
それに固定用の
ゴムとフランジ
ナットを取り付
ける。ゴムがガ
タつかない程度
にナットを締め
ておく

01

02 組み立てたピボットキャップをピボットの穴に差し込む

キャップが動かなくなるまで4mmヘキサゴンレンチでボルトを締める。ボルトが空回りするなら一度外し、ナットを締めてからやり直そう

03

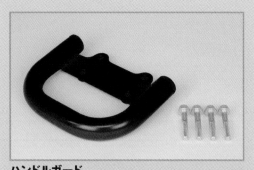

ハンドルガード
トレッキングスタイルを高めてくれるだけでなく、スマートフォンホルダーといったハンドルクランプタイプのアクセサリーの取り付けができる便利アイテム　　　¥8,140

ハンドルの交換とハンドルガードの取り付け

ハンドル交換は関連するいくつものパーツの脱着が伴うので、想像以上に手間がかかり、難易度も意外と高い。無理をして破損させないこと。

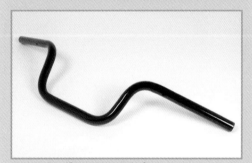

ステアリングハンドルパイプ
ストリートでのハンドリングとトレッキングスタイルを高めるハンドル。幅721mm、高さ129.5mm。スイッチ用穴あけ加工済みで位置決め用ポンチマーク付き　　　¥8,140

2ピースバーエンド（スペシャルパーツ武川製ハンドルパイプ用）
同社製ハンドルパイプ等、内径18mm/13mmのパイプハンドルに適合。2ピース構造でカラーバリエーションは10種類を設定している　　　¥5,280

POINT

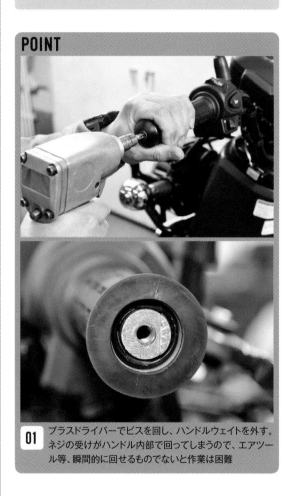

01 プラスドライバーでビスを回し、ハンドルウェイトを外す。ネジの受けがハンドル内部で回ってしまうので、エアツール等、瞬間的に回せるものでないと作業は困難

02 左のグリップを外す。エアツールがあるならグリップとハンドルの間に高圧空気を吹くと比較的容易に外れる

プラスドライバーで左ハンドルスイッチを固定しているビス2本を抜き取る **03**

メーターを固定しているボルト2本を8mmレンチで抜き取る。ボルトはメーター裏面にある（写真下。左側は外れた状態）**05**

スイッチボックスから伸びるハーネスをハンドルに留めているバンドを外し、ハーネスをフリーな状態にしておく **06**

10mmレンチで固定ボルトを緩め、ミラーホルダーをハンドルから引き抜く **04**

07 ハンドル右側に移る。まずスイッチボックスを留めているプラスビス2本を抜き取る

08 ブレーキマスターシリンダーを固定しているボルト2本を下、上の順で緩める。使用レンチは8mm

10mmレンチで後ろ、前の順でハンドルクランプの固定ボルトを緩めて抜く。不意に動くことがあるので、ハンドルを支えながら作業しよう。また取り付けるハンドルも近くに準備しておく

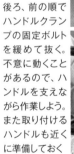

 09

ハンドル アッパーホルダーを外しハンドルを取り外したら、右スイッチボックス（スロットル）を引き抜く

10

取り付けるハンドルを右スイッチボックスに差し込む

11

CHECK

ハンドルアッパーホルダーには向きがあり、前側にはポンチマークがある。これを確認しておく

12 ポンチマークを参考にハンドルをセットしたら、向きを間違えないようにハンドルアッパーホルダーをセットする

13 パイプ部端にキャップを取り付けた上でハンドルガードをハンドルアッパーホルダーに被せる

ハンドルガードに付属するボルトを取り付ける

14

5mmヘキサゴンレンチを使い前、後の順に10N·mのトルクで締める

15

スイッチボックスのハーネスを純正バンドでハンドルに留める

16

回り止めの突起をハンドルの穴にはめてから、ビス2本で右スイッチボックスを固定する

17

位置を合わせてからブレーキマスターシリンダーを固定する。ボルトは上、下の順に締め付けること

18

19 ハンドル左側にミラーホルダーを差し込む

111

位置を調整したら、ボルトを締めてミラーホルダーを固定する

20

21 突起があるので、それをハンドルの穴にはめて回り止めとしながら左スイッチボックスをセットする

左スイッチボックスは右と違い完全に分かれる構造なので、外れないよう前後を保持しながら固定ビスを差す

22

固定用プラスビスを2.5N・mのトルクで締める

23

グリップエンドを取り付ける前に、ハンドルをパーツクリーナー等で脱脂しておく

24

25 固定用のグリップボンドまたはニトリルゴム系接着剤を薄く塗布してからグリップエンドを差し込み、貼り合わせる

 グリップエンドを写真のように組み立て、ハンドルに差し込む

26

5mmヘキサゴンレンチでボルトを締め、グリップエンドを固定する

27

固定ボルトの凹み部に付属のキャップを取り付ける

28

29 メーターを元の位置に戻すのだが、位置決めがあるので注意が必要だ

30 メーター裏側にはリブ（矢印）があるので、これをメーターステーに噛み合わせながらボルト留めする

ナックルガードの取り付け

スペースが限られたハンドル周りに取り付けるので、位置の調整が重要になる。今回取り付けるのは汎用タイプで下記商品とは一部手順が異なる。

ナックルガード
林道走行時の小枝等から手元を守れるだけでなく、風防効果により雨風から手元をカバーできる。ガード本体はアルミ材フレーム混入構造で丈夫になっている　　¥9,900

ここでは右側での作業を紹介する。ブレーキマスターシリンダーがハンドルから浮かせられるよう、固定ボルトを下、上の順で緩める

01

ステーにナックルガードを仮付けする。固定ボルトには付属のカラーを併用すること

02

付属の樹脂製スペーサーを、マスターシリンダーの隣に取り付ける

03

04 先ほど取り付けたスペーサーに重ねてナックルガードとステーをセットする

ステーにクランプを取り付け、付属のボルトで仮留めする。クロスカブ専用品の場合は、位置決め用ステーを間に挟んで取り付ける

05

マスターシリンダーをボルトを仮留めすることでハンドルに密着した状態にし、ナックルガード等に干渉していないか確認

06

07 マスターシリンダーとナックルガードを望ましい位置になるよう調整する

マスターシリンダーの固定ボルトを上、下の順に本締めする

08

ナックルガードステーのボルトを上下均等に12N·mのトルクで締める

09

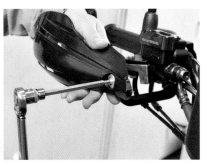

ナックルガードを固定しているボルトを8N·mのトルクで締める。ハンドルを左右に切り、干渉がないのを確認したら作業完了だ

10

スクリーンキットの取り付け

ハンドルに取り付けるこのスクリーンは、各ステーの位置調整が重要になる。取り付け金具にある位置決め用の印を確認しつつ作業していこう。

スクリーンキット
ハンドルマウントタイプの高さ430mm、幅440mmの大型スクリーン。高い風防効果で長距離走行時の疲労を低減してくれる　　　　　　　　　　¥17,380

01 メーターを固定しているボルト2本を8mmレンチで抜き、ステーから外して位置をずらしておく

02 ハンドルにスペーサーを取り付ける

03 アームの溝の無い方にアームクランプAを取り付ける。それぞれ右用、左用があるので、合わせて取り付けること

アームの溝に合わせてアームクランプBをセット。ボルトを通したら、ステーと接続しておく **04**

05 アームをクランプアームAで接続したハンドルクランプ（左右別）をスペーサーに重ねて取り付ける

逆側のアームも取り付ける。この時、アームクランプAとハンドルクランプにある印線を合わせ、アームは外側 約15度に向ける **06**

スクリーンの取り付け穴4点にラバーを取り付ける **07**

リ テーナーにスプリングワッシャを取り付けたソケットキャップスクリューを差し込む **08**

09 スクリーンをアーム先端のアームクランプBにセットする。位置が合わないならアームの位置を調整する

スクリーンのラバー上に先程のリテーナーを取り付け、スクリーンごとステーに仮留めする **10**

ハンドルを左右に切り、各部のクリアランスを確認。必要なら各アームやクランプの角度を変えスクリーン位置を調整する **11**

位置が決まったら各ボルトを本締め。スクリーンのソケットキャップスクリューは5mmヘキサゴンを用い11N・mのトルクで締める **12**

13 アームクランプBのボルトも5mmヘキサゴンを使い、8N・mのトルクで締めつける

アームクランプAのボルトも8N・mのトルクで締める **14**

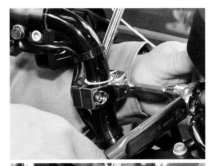

ハンドルクランプは、前側は6mmヘキサゴンレンチで、後ろは5mmヘキサゴンで均等に11N・mのトルクで締める **15**

16 p.113を参考にメーターを復元すれば取り付け完了となる

読者 プレゼント

● 応募先

官製はがきに、住所、氏名、希望商品、本書の感想を記載の上、下記までお送りください。締切は**2023年12月31日消印有効**となります。

〒151-0051
東京都渋谷区千駄ヶ谷 3-23-10　若松ビル2F
株式会社スタジオタッククリエイティブ
クロスカブ / スーパーカブ 110 カスタム＆メンテナンス
プレゼント係

※当選者の発表は商品の発送（2024年1月初旬予定）をもって
　代えさせていただきます。

高性能シャフトを展開する**KOOD**より読者プレゼントを頂いた。点数は各アイテム**1点**で、右の要領に沿って、編集部まで応募してほしい。

クロモリアクスルシャフト フロント用　　**1名**
スーパーカブ50および110のフロントに適合する、高性能なクロモリ製アクスルシャフト

KOOD　¥23,100

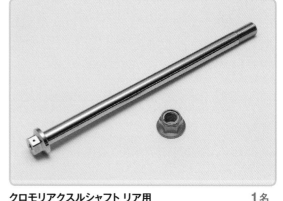

クロモリアクスルシャフト リア用　　**1名**
2020年以降のクロスカブ50と2018〜2019年モデルのスーパーカブ50に適合するリア用アクスルシャフト。メッキナット付き

KOOD　¥24,200

素材から製造までMada in Japanにこだわる

　KOODが作り出すクロモリ製アクスルシャフトは、付けただけで効果が分かると高い評価を得ているパーツで、奈良県警交通機動隊の白バイにも正式採用されるほど。

　ではその性能の秘訣とはどういったものだろうか。それは一言で言って妥協を許さない姿勢だ。まずその素材は国内メーカーから証明書付きの確かな鋼材を仕入れ、それを最新機械を使い高精度で切削、研磨して形成。そしてそれを防錆や耐久性を高めるためにあまり例のない3層メッキ処理をし、ミラーコートのような美しい光沢を得つつ、長寿命かつ焼付きなどの固着も防いでいる。剛性と精度がアップすることで走りの質を何ランクも上げるアクスルシャフト、強くおすすめしたい。

1.KOOD のロゴが刻まれたシャフト頭部。ワイヤーロック用の穴が開けられている　2.丁寧な切削加工が見事な造形美と高い加工精度を生んでいる。シャフト部の鏡のような輝きにも注目してほしい　3.平滑な部分は当然として、ネジ山も凹凸がない滑らかな加工がされており、付属のメッキナットを抵抗なく締め込むことを可能にしている

CROSS CUB / SUPER CUB
CUSTOM
PARTS CATALOG

クロスカブ／スーパーカブ
カスタムパーツカタログ

カスタムベースとしても人気が高いクロスカブ / スーパーカブには、豊富なカスタムパーツが発売され、その数はますます増えている。多くの商品を紹介していくので、カスタムプランに役立ててほしい。

掲載メーカーリスト

SHOP LIST

アウテックス	http://www.outex.jp
旭風防（旭精器製作所）	http://www.af-asahi.co.jp
ウイルズウィン	https://wiruswin.com
NRマジック	https://www.nrmagic.com
エンデュランス	https://endurance-parts.com
キジマ	https://www.tk-kijima.co.jp
キタコ	https://www.kitaco.co.jp
KOOD（コウワ）	https://kouwa-kood.jp
クリッピングポイント	http://clippingpoint.jp
サンスター（国美コマース）	https://www.sunstar-kc.jp
Gクラフト	https://www.g-craft.com
スペシャルパーツ武川	http://www.takegawa.co.jp
ダートフリーク	https://www.dirtfreak.co.jp
田中商会	https://www.monkeyparts.net
ツアラテックジャパン	https://www.touratechjapan.com
ビームス	https://www.beams-mc.net
ポジドライブ	https://posidrive.jp
モリワキエンジニアリング	http://www.moriwaki.co.jp
ヨシムラジャパン	https://www.yoshimura-jp.com
ワールドウォーク	https://world-walk.com

EXHAUST SYSTEM
マフラー

ルックス、サウンド、走行フィールと
大きなカスタム効果が得られるマ
フラー。慎重に選んでいきたい。

パワークラシック キャブトン　クロスカブ 110　スーパーカブ 110

車体にクラシックな雰囲気を生み出す、キャブトンタイプサイレンサーを採用。オールステンレス製で
サビの心配がなく、美しさを長期間キープできる

ビームス　¥57,200

パワークラシック キャブトン マットブラック　クロスカブ 110　スーパーカブ 110

ステンレス製マフラーをブラック塗装仕上げとすることで、よりクラシカルなスタイルを得られる。排
気ガス、騒音の両規制に対応した政府認証品なので安心して使える

ビームス　¥57,200

クロスカブ 110　スーパーカブ 110

R-EVO カーボンサイレンサー ダウンタイプ

カーボンシェルのサイレンサーでレーシーな雰
囲気を醸し出す。エキパイはステンレス製で音
量は 85dB。政府認証品

ビームス　¥52,800

R-EVO ステンレスサイレンサー ダウンタイプ　クロスカブ 110　スーパーカブ 110

エキパイ、サイレンサーともステンレスで作られ耐久性もバッチリなマフラー。政府認証品ながら迫力
あるサウンドを楽しめる。2年保証付き

ビームス　¥44,000

R-EVO チタンサイレンサー ダウンタイプ　クロスカブ 110　スーパーカブ 110

美しいグラデーションが楽しめるチタンサイレンサーを採用。重量 2.8kg と軽量に仕上がっている
のもポイント。各種規制適合で政府認証済みの製品

ビームス　¥52,800

クロスカブ 110　スーパーカブ 110

ハイパワースポーツマフラータイプ SS

ノーマルルックなデザインながら中高回転域で
パワーアップするステンレス製マフラー。消音
タイプ。センタースタンド使用可能

クリッピングポイント　¥32,780

パワークラシック キャブトン
`クロスカブ 110` `スーパーカブ 110`

スーパーカブとの相性に優れたキャブトンサイレンサーを用いたマフラー。ステンレス製なのでサビの心配はなし。重量2.3kg、音量87dBの政府認証品

ビームス　¥57,200

R-EVO カーボンサイレンサー ダウンタイプ
`クロスカブ 110` `スーパーカブ 110`

後方を跳ね上げたレイアウトにカーボンサイレンサーを組み合わせ、スポーティさを全面に打ち出せるマフラー。存在感あるエキゾーストノートを奏でるが規制対応品なので安心して使える

ビームス　¥52,800

パワークラシック キャブトン マットブラック
`クロスカブ 110` `スーパーカブ 110`

絶妙な存在感を発揮するブラックタイプのキャブトンマフラー。他にない個性を求めるなら選択肢に入れたい1本だ

ビームス　¥57,200

R-EVO ステンレスサイレンサー ダウンタイプ
`クロスカブ 110` `スーパーカブ 110`

オールステンレスで作られたフルエキゾーストマフラー。耐久性が高く、ルックス、性能を長く楽しむことができる。政府認証品で2年の保証が付く

ビームス　¥44,000

`クロスカブ 110`
`スーパーカブ 110`

BARREL4-S
サイレンサー

オフロード走行に対応するアップマフラー。現在開発中でJMCA認定品となる予定なので楽しみに待とう

ダートフリーク
¥未定

`クロスカブ 110` `スーパーカブ 110`

R-EVO チタンサイレンサー ダウンタイプ

チタンらしいグラデーションが自慢のダウンマフラー。エキパイはステンレスを採用する。コストパフォーマンスの高さが光るマフラーだ

ビームス　¥52,800

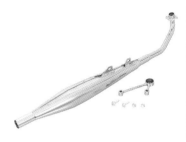

クラシックダウンマフラー

`クロスカブ 110` `スーパーカブ 110`

昔のカブをイメージさせる、プレス成形モナカタイプとしたマフラー。見た目はクラシックながらキャタライザー内蔵で音量、排気ガス規制に対応している適法品だ

キタコ ¥40,700

`クロスカブ 110` `スーパーカブ 110`

ミニキャブトンマフラー

クラシカルで細身のサイレンサーが魅力。キャタライザー内蔵、JMCA 認定済みで安心の1本。センタースタンド使用可能

キタコ ¥36,300

SHORT MONSTER HEAT GRADATION TITANIUM

`クロスカブ 110` `スーパーカブ 110`

モリワキの代名詞であるモンスターサイレンサーにグラデーション加工済みチタンエキパイを組み合わせたショートスタイルマフラー。厳しい音量規制をクリアしつつ全域で大幅にパワーアップする

モリワキエンジニアリング ¥70,400

SHORT MONSTER HAIR LINE TITANIUM

`クロスカブ 110` `スーパーカブ 110`

ヘアライン仕上げチタンエキパイにアルミ製モナカサイレンサーで構成されたショートマフラー。歯切れのよいサウンドを奏でつつトルク&パワーアップを実現している。JMCA認定品

モリワキエンジニアリング ¥70,400

`クロスカブ 110` `スーパーカブ 110`

MEGAPHONE BLACK

車体全体を引き締める耐熱黒塗装仕上げがされたショートタイプメガフォン。全域でパワーアップしシーンを選べず楽しく走れる

モリワキエンジニアリング ¥57,200

MEGAPHONE SUS

`クロスカブ 110` `スーパーカブ 110`

オーソドックスな、メガフォンスタイルのフルエキゾーストマフラー。低音が効いたシックな音質が特徴。ステンレス製で美しく仕上げられたポリッシュ仕上げ

モリワキエンジニアリング ¥57,200

Billy

独自構造により心地よいトルクと重低音を奏でるマフラー。テールエンドはステンレス製でボディは
フラットブラック塗装仕上げとなる。マフラーガスケット付属、政府認証品

`クロスカブ110` `スーパーカブ110`

NRマジック　¥34,760

プラチナ Billy

新構造エキセントリックベースにより伸びのある心地よいトルクと静かな重低音を奏でる。クリスタルクロムメッキ仕上げ、政府認証品

`クロスカブ110` `スーパーカブ110`

NRマジック　¥38,500

OUTEX.R-SA-UP-PP

エキパイ、サイレンサー、ヒートガードで構成され、エキパイはステンレスとチタン、サイレンサーはアルミとチタン、チタングラデーションを設定。低音が効いたグッドサウンドが自慢のマフラー

`クロスカブ110` `スーパーカブ110`

アウテックス　¥51,700〜75,900

P-SHOOTER（キャブトンスタイル）

往年の英国車や'60年代の国産車を彷彿とさせるスタイルのステンレス製マフラー。美しいポリッシュ仕上げにも注目。安心の政府認証マフラーだ

`クロスカブ110` `スーパーカブ110`

スペシャルパーツ武川　¥41,800

P-SHOOTER（キャブトンスタイル）

根強い人気があるキャブトンスタイルのマフラー。ステンレス材をポリッシュ仕上げしているので美しく耐候性にも優れる

`クロスカブ110` `スーパーカブ110`

スペシャルパーツ武川　¥41,800

ボンバーマフラー

φ90mmアルミサイレンサーと排気効率と出力性能向上を図るステップ構造のエキゾーストパイプを採用し、全域、特に高回転で大幅にパワーアップ。高性能ながら静音な政府認証品だ

`クロスカブ110` `スーパーカブ110`

スペシャルパーツ武川　¥63,800

SSSマフラー（ブラックプロテクター）

砲弾型サイレンサーを用いたアメリカンスタイルのマフラー。ビジネススタイルのスーパーカブにハードカスタムイメージを追加する。キャタライザー内蔵の政府認証マフラー

`クロスカブ 110` `スーパーカブ 110`

スペシャルパーツ武川　￥47,080

SSSマフラー（メッキプロテクター）

`クロスカブ 110` `スーパーカブ 110`

ハーレーダビッドソンの純正マフラーをモチーフにした砲弾型サイレンサーにメッキプロテクターを配置。政府認証品

スペシャルパーツ武川　￥47,080

SSSマフラー（ブラックプロテクター）

`クロスカブ 110` `スーパーカブ 110`

ハーレーのロードスターやストリートボブの純正マフラーをモチーフにしたアメリカンスタイルマフラー。政府認証取得品で安心してマフラー交換を楽しめる

スペシャルパーツ武川　￥47,080

SSSマフラー（メッキプロテクター）

`クロスカブ 110` `スーパーカブ 110`

アメリカンスタイルのサイレンサーにメッキプロテクターを組み合わせることで強い存在感を放つマフラー。スチール製ブラック塗装仕上げ。キャタライザー内蔵でガスケット付属

スペシャルパーツ武川　￥47,080

`クロスカブ 110` `スーパーカブ 110`

スクランブラーマフラー（リフトアップ）

ステップ後部から一気に立ち上がるリフトアップデザインが強い個性を発揮するマフラー。高い排気効率を実現している

スペシャルパーツ武川　￥54,780

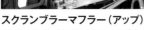

スクランブラーマフラー（アップ）

`クロスカブ 110` `スーパーカブ 110`

CL72スタイルをモチーフにレトロ感あふれるスタイルに仕上げた。オリジナルヒートプロテクターにより高いインパクトがある。高い排気効率で中・高回転域でパワーアップを実現。政府認証品

スペシャルパーツ武川　￥54,780

クロスカブ 110　スーパーカブ 110

グランドシャープマフラー

シンプルなφ90mmサイレンサーを用いたステンレス製マフラー。低く重厚感のあるサウンドは、音量が2種類選択できる

ウイルズウィン　￥31,900

クロスカブ 110　スーパーカブ 110

オープンエンドマフラー

排気口を拡げたクラシカルなシルエットに仕上げた1本。チョッパー、アメリカン、カフェレーサー等、様々なスタイルにマッチする

ウイルズウィン　￥31,900

クロスカブ 110　スーパーカブ 110

ロッドサイレンサーマフラー

業界初のステンレス削り出しのサイレンサーエンドを使った立体感あふれる作りが魅力。サイレンサー径は90mm

ウイルズウィン　￥31,900

クロスカブ 110　スーパーカブ 110

ロイヤルマフラー バズーカータイプ

耐久性、耐腐食性の高い SUS5304ステンレスで作られたマフラー。様々なオプションが設定されているのも特徴だ

ウイルズウィン　￥32,450

クロスカブ 110　スーパーカブ 110

ロイヤルマフラー ポッパータイプ

極太で存在感あるエンドが魅力のポッパータイプサイレンサー仕様。静音で重低音サウンドを醸し出してくれる

ウイルズウィン　￥32,450

クロスカブ 110　スーパーカブ 110

ロイヤルマフラー スポーツタイプ

スポーティなデザインのサイレンサーを使ったマフラー。バッフル標準装備で2種類の音量が選択できる

ウイルズウィン　￥32,450

クロスカブ 110　スーパーカブ 110

ロイヤルマフラー ユーロタイプ

テールエンドに FRP製耐熱4次元構造マットブラックテーパーコーンを採用。低速から高速までスムーズに走れる

ウイルズウィン　￥36,410

クロスカブ 110
スーパーカブ 110

**ロイヤルマフラー
ユーロタイプ**

ロイヤルマフラーは各タイプとも標準サイレンサーの他、チタンサイレンサーをオプションで設定。こちらはユーロタイプのチタンサイレンサー

ウイルズウィン
￥43,300

GP-MAGNUM サイクロン TYPE-UP SC　クロスカブ 110　スーパーカブ 110

クロスオーバースタイルをイメージしたアップタイプマフラー。伝統的なデザインの円柱形サイレンサーを使用する。SCはそのカバーにカーボンを使用したタイプ

ヨシムラジャパン　￥70,400

クロスカブ 110　スーパーカブ 110

GP-MAGNUM サイクロンTYPE-UP SS

ステンレスカバーのサイレンサーを使ったアップマフラー。公道規制に対応しながら全域でパワーアップを実現する

ヨシムラジャパン　￥57,200

クロスカブ 110 **スーパーカブ 110**

GP-MAGNUM サイクロンTYPE-UP SSF
シックなサテンフィニッシュカバーサイレンサーを使用。写真はタンデム時におすすめのオプション、カーボンヒートガード付きのもの
ヨシムラジャパン　¥60,500

クロスカブ 110 **スーパーカブ 110**

GP-MAGNUM サイクロンTYPE-UP STB
ステンレスエキパイにチタンブルーカバーサイレンサーを組み合わせた高性能マフラー。音量は86dBのJMCA認定品
ヨシムラジャパン　¥67,100

クロスカブ 110 **スーパーカブ 110**

GP-MAGNUM サイクロン SS
スポーツライディングを可能にする高性能マフラー。音量規制に適合しながら力強いサウンドを奏でるマフラーはステンカバーを採用
ヨシムラジャパン　¥60,500

クロスカブ 110 **スーパーカブ 110**

GP-MAGNUM サイクロン SSF
わずかにエンドが上がったスタイルがスポーティさを演出。独自の排気システムで豊かなトルクを発生する。サテンフィニッシュ仕様
ヨシムラジャパン　¥63,800

クロスカブ 110 **スーパーカブ 110**

GP-MAGNUM サイクロン SC
レーシーなカーボンカバーサイレンサーを使った1本。単気筒ならではのサウンドを奏でつつ全域でパワーアップを実現している
ヨシムラジャパン　¥73,700

クロスカブ 110 **スーパーカブ 110**

GP-MAGNUM サイクロン STB
腐食に強いステンレスエキパイに輝くチタンブルーカバーサイレンサーをドッキング。同社他製品同様、安心の政府認証マフラーだ
ヨシムラジャパン　¥70,400

クロスカブ 110 **スーパーカブ 110**

GP-MAGNUM サイクロン SC
街乗りからツーリングまで、スポーティに走れるヨシムラらしいマフラー。サイレンサーはカバーにカーボンを使用する
ヨシムラジャパン　¥73,700

クロスカブ 110 **スーパーカブ 110**

GP-MAGNUM サイクロン SS
独自排気システムでアクセル開け始めから高回転までカブの性能を最大限に引き出してくれる。SSはステンレスカバー仕様
ヨシムラジャパン　¥60,500

クロスカブ 110
スーパーカブ 110

GP-MAGNUM
サイクロン SSF
サテンフィニッシュカバーサイレンサーを使った全域でノーマルよりパワーアップするマフラー。JMCA 認定品
ヨシムラジャパン
¥63,800

クロスカブ 110 **スーパーカブ 110**

GP-MAGNUM サイクロン STB
カスタムマフラーらしいチタンブルーカバーサイレンサーを使ったスポーティなマフラー。エキパイはステンレス製となる
ヨシムラジャパン　¥70,400

AROUND HANDLE
ハンドル周り

ハンドル周りには実用性を高める
アイテムが多数揃う。自分のセンス
と使い方に合わせて選びたい。

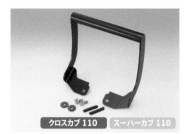

`クロスカブ 110` `スーパーカブ 110`

マウントバーステー
メーター下に取り付け、バーがメーター前上部
に位置する、スマホ等のホルダーが取り付けで
きるステー。スチール製ブラック仕上げ
キジマ　¥7,920

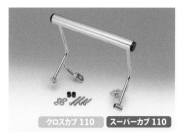

`クロスカブ 110` `スーパーカブ 110`

マウントバーステー
各種ホルダーの取り付けに便利なスーパーカ
ブ用のマウントバー。メッキとブラックあり。純
正オプションスクリーン対応
キジマ　¥9,350/9,900

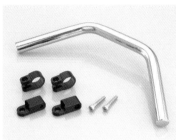

フロントファッションバー
`クロスカブ 110` `スーパーカブ 110`
左右のミラー取り付け穴に取り付ける、φ22.2mmの多目的バー。ハンドルクランプタイプの各所ア
クセサリーの取り付けに。写真のシルバーの他、ブラックも設定されている。ステンレス製
キタコ　¥8,250

`クロスカブ 110` `スーパーカブ 110`

マルチステーブラケットキット
φ22.2mmのショートパイプをミラーホルダー
部に装着することで、各種ハンドルクランプア
クセサリーが使える。シルバータイプあり
スペシャルパーツ武川　¥5,280

マルチガジェットマウントバー
`クロスカブ 110` `スーパーカブ 110`
スマホホルダーや USB チャージャーなど複数のガジェットをマウントできるφ22.2mm のマウント
バー。ミラーマウントでバーはハンドルの奥側、手前、どちらにも取り付けできる
ワールドウォーク　¥4,400

`クロスカブ 110` `スーパーカブ 110`

マルチパーパスバー
ハンドルアッパーホルダーに取り付ける、各種
ハンドルクランプ型アクセサリーが装着できる
多目的バー。スチール製ブラック仕上げ
キタコ　¥4,400

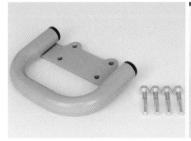

ハンドルガード
`クロスカブ 110` `スーパーカブ 110`
トレッキングスタイルを高めてくれるだけでなく、スマートフォンホルダーといったハンドルクランプ
タイプのアクセサリーの取り付けができる便利アイテム。カラーはレッド、ブラック、イエローの3種
スペシャルパーツ武川　¥8,140

マルチフロントラック

肉抜きを兼ねた穴にポーチ等様々なアイテムを取り付けられる。ハンドルクランプに装着するマルチラック。積載重量は1kg

Gクラフト　¥7,150

アジャスタブルマウントバー ミラーホールタイプ

ミラー基部に取り付けるマウントバー。スマートフォンホルダー等の種類に合わせ取り付け位置の細かな調整が可能

ダートフリーク　¥4,180

タフロックスマートフォンマウント

独自のラバーマウントシステムにより転倒時の衝撃や走行時の振動を緩和し、スマートフォンの故障リスクを低減する

ダートフリーク　¥15,950

HN-02 ナックルバイザー

スモークのPET樹脂で作られたナックルバイザー。サイズは縦横ともにおよそ190mmとなる。寒い季節にもおすすめのアイテム

旭風防　¥11,880

M6-02 ナックルバイザー

手元を保護しつつスポーティなフォルムを加えてくれる耐衝撃アクリル樹脂製ナックルバイザー。バイザーのサイズは155mm×215mm

旭風防　¥13,310

ZETA スクードプロテクター

クロスカブ用は開発中のアドベンチャーアーマーハンドガードに装着可能なプラスチックガード。上下反転取付可能。ホワイトもあり

ダートフリーク　¥4,620

ナックルガード

林道走行時の小枝等から手元を守れるだけでなく、防風効果により雨風から手元をカバーできる。ガード本体はアルミ材フレーム混入構造で強度が高められている

スペシャルパーツ武川　¥9,900

GD ハンドプロテクター

オフイメージを高めるハンドプロテクター。カラーは白もある。写真はオプションのハンドガードスポイラー（黄色の部分、¥4,730）付き

ツアラテックジャパン　¥18,590

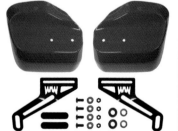

クロスカブ110専用塗装大型ナックルガード

純正色で塗装され車体とのマッチングが抜群のナックルガード。上下に大きなサイズ設定で高い防風効果を発揮する。専用ステーは軽量に作られており使用感も高い

ワールドウォーク　¥12,980

DRC 161オフロードミラー

ピボット機能で角度を細かく設定できるだけでなく、折りたたみも可能な、視認性の高いオフロード車専用大型ミラー。右用と左用あり

ダートフリーク　¥2,200

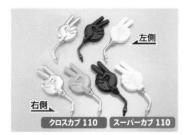

左側
右側

クロスカブ 110　スーパーカブ 110

ジャンケンミラー（チョキ）
アクセサリー感覚の遊び心が詰まったミラー。右用左用があり、ホワイト、ブラック、メッキ、ピンク（右用のみ）の各色あり

キタコ　¥1,760

クロスカブ 110　スーパーカブ 110

GPR ミラー タイプ 1
スポーティなスタイルでハンドル周りのイメージチェンジに効果的なミラー。リーズナブルなのも嬉しい。左右別、1本売り

キタコ　¥1,980

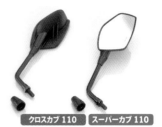

クロスカブ 110　スーパーカブ 110

GPR ミラー タイプ 3
スマートデザインでハンドル周りをスポーティにドレスアップ。ミラーは平面鏡で '07年保安基準適合品。左右別で1本売り

キタコ　¥2,200

クロスカブ 110　スーパーカブ 110

スペシャライズド ハンドルバー
滑らかな形状でオフロードでの走行性能と安定性を重視したワイドベンドハンドル。スイッチボックス用穴開け加工済み

ダートフリーク　¥5,500

ハンドルバー ブラック

クロスカブ 110　スーパーカブ 110

ノーマル比 45mm幅狭15mm低く設定され、ハンドル角度も約 7度深くしたスチール製ハンドル。スイッチ穴加工等がされ、純正と交換するだけのボルトオン装着設計となっている

エンデュランス　¥6,050

クロスカブ 110　スーパーカブ 110

ステアリングハンドルパイプ
ストリートでのハンドリングとトレッキングスタイルを高めるハンドル。幅721mm、高さ129.5mm。スイッチ用穴あけ加工済み

スペシャルパーツ武川　¥8,140

クロスカブ 110　スーパーカブ 110

クリアバーエンドキャップ
ハンドル周りの保護とドレスアップができるクリア樹脂製のバーエンド。レッド、ブラック、ホワイトの3タイプあり

キタコ　¥2,860

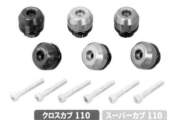

クロスカブ 110　スーパーカブ 110

バーエンドキャップ
軽量のアルミ材を使用したクロスカブの純正ハンドル用バーエンド。レッド、ゴールド、ガンメタリックの各アルマイト仕上げがある

キタコ　¥5,500

クロスカブ 110　スーパーカブ 110

バーエンド（ノーマルハンドル用）
ノーマルと交換するだけで簡単にドレスアップ。シルバー、ブラック、レッドのアルミ製とステンレス製の4タイプからチョイスできる

スペシャルパーツ武川　¥7,040

クロスカブ 110　スーパーカブ 110

アクセサリーバーエンド
ノーマルのウェイト効果を維持しつつ高い質感と造形の美しさが得られるステンレス製のバーエンド。高い耐久性も自慢

スペシャルパーツ武川　¥7,590

クロスカブ 110　スーパーカブ 110

2ピースバーエンド（SP武川製ハンドルパイプ用）
同社製ハンドルパイプ等、内径18mm/13mmのパイプハンドルに適合。2ピース構造でカラーバリエーションは10種類を設定

スペシャルパーツ武川　¥5,280

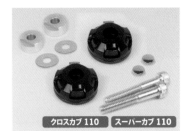

クロスカブ 110 **スーパーカブ 110**

2ピースバーエンド（ノーマルパイプハンドル用）
それぞれ3つのカラーがあるバーエンドとバーエンドカバーの2ピース構造のバーエンド。固定ボルト用ブラインドキャップ付属
スペシャルパーツ武川　¥5,280

クロスカブ 110 **スーパーカブ 110**

ヘルメットホルダー
マスターシリンダーのクランプ部に取り付けるヘルメットホルダー。カラーはブラック、シルバー、写真のブラック＆ゴールドの3種
キタコ　¥3,520

クロスカブ 110 **スーパーカブ 110**

ヘルメットホルダーセット
ハンドル周りにヘルメットを固定できるようになる、マスターシリンダー共締めのホルダー。オリジナルピストンキー付属
スペシャルパーツ武川　¥4,620

クロスカブ 110 **スーパーカブ 110**

スーパースロットルパイプ
グリップ一体型の純正と交換することで、アフターパーツのグリップが使えるようにしたスロットルパイプ。スーパーカブ専用品
キタコ　¥660

クロスカブ 110 **スーパーカブ 110**

スーパースロットルパイプ
一体型なためグリップ交換が困難な純正と替えることで、社外品グリップが装着できるようにした。スーパーカブには使えないので注意
キタコ　¥660

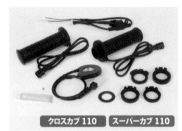

クロスカブ 110 **スーパーカブ 110**

ヒートグリップ TYPE-1
スロットルパイプ一体形状とすることで通常のグリップとほぼ同じグリップ径を実現。簡単取り付けで、ヒートレベルは5段階に設定可
スペシャルパーツ武川　¥14,080

LOADING
積載系

普段使いやツーリングでの使い勝手を向上してくれる、積載関係アイテムを紹介していこう。

マルチセンターキャリア

クロスカブ 110 **スーパーカブ 110**

各種アクセサリーが取り付けられるマルチバーや、ヘルメットホルダー取付部を備えた多機能タイプセンターキャリア。最大積載量は2kg。スチール製でブラックとホワイトがある
エンデュランス　¥14,960

クロスカブ 110 **スーパーカブ 110**

センターキャリア
本休にフックポイントや、ポーチ等を装着できるモールシステム仕様の穴を多数備えたキャリア。スチール製で最大積載重量は2kg
Gクラフト　¥19,800

ファッションセンターキャリアー

クロスカブ 110 **スーパーカブ 110**

実用性とともにドレスアップ感を重視して作られたミニキャリア。キャリア部（ストレート部）の寸法は125×210mmで最大積載量は1kg。スチール製でカラーはブラックとホワイトの2種
キタコ　¥11,000

ファッションセンターキャリアー

`クロスカブ 110` `スーパーカブ 110`

ドレスアップ効果も重視して作られたクロスカブ専用のセンターキャリア。スチール製でカラーはブラックとホワイトを用意。最大積載量は1kgとなっている

キタコ　¥11,550

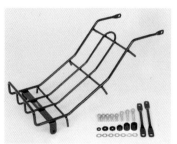

`クロスカブ 110` `スーパーカブ 110`

センターキャリアキット

ハンドルとシートの間に取り付け、荷物の固定ができるカブ系定番アイテム。最大積載重量は1kg。ブラックとメッキの2タイプから選べる

スペシャルパーツ武川　¥11,880

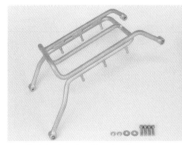

アルミセンターキャリアキット

`クロスカブ 110` `スーパーカブ 110`

実用性とデザイン性を高めたパイプ径と曲げ形状を採用したアルミ製センターキャリア。ショットブラストアルマイト仕上げ。カラーはシルバーとブラックがある。許容最大積載重量は1kg

スペシャルパーツ武川　¥17,600

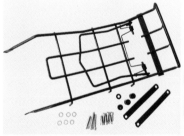

ベトナムキャリア ブラック

`クロスカブ 110` `スーパーカブ 110`

細身のデザインでスッキリしたスタイルを構築できるセンターキャリア。スチール製ブラック仕上げで許容積載重量は2kg。純正ラギジフックとの併用不可

田中商会　¥4,950

`クロスカブ 110` `スーパーカブ 110`

センターキャリア

前後、表裏と用途によってポジションを変えられるキャリアプレートを用いたセンターキャリア。ステンレス製バフ仕上げ

ウイルズウィン　¥15,400

センターバスケット

`クロスカブ 110` `スーパーカブ 110`

一般的なセンターキャリアと違いバスケットタイプとなっているので、専用バッグ不要でより気軽に荷物を載せられる。あともう少し荷物を載せたい、という場合におすすめ。最大積載量2kg

ワールドウォーク　¥16,500

`クロスカブ 110` `スーパーカブ 110`

サイドバッグサポートセット

サイドバッグをより安全に取り付けられる左右共用のサポート。同社製ロッドケースとの同時装着も可能。スチール製ブラック塗装仕上げ

エンデュランス　¥9,900

サイドバッグサポート左側
上質なパウダーコート仕上げとされたサイドバッグサポート。メインプレート位置は上下2ヵ所から選べる

Gクラフト　¥9,900

サイドバッグサポート右側
純正キャリアに固定したバッグがタイヤに巻き込まないようにするサポート。メインのプレート位置が変えられ様々なバッグに対応する

Gクラフト　¥9,900

バッグサポート 左右セット ブラック
サイドバッグ装着時にホイールへの巻き込みリスクを低減。スチール製ブラック仕上げ。片側のみの販売もある（¥6,380）

キジマ　¥11,000

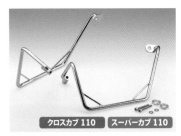

バッグサポート 左右セット メッキ
サイドバッグがリアホイールへ巻き込まれないようにするサポート。上質なメッキ仕上げがされる。左右セットだが1個売りもある（¥7,480）

キジマ　¥14,300

バッグサポート ラージ 左右セット
従来品より下へ100mm延長し、大型バッグでもより安定して取付可能。スチール製ブラック仕上げ。左側用のみでの販売もあり（¥13,200）

キジマ　¥23,100

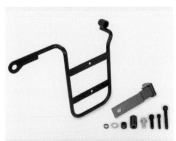

サイドバッグサポートL
専用設計により車体のイメージを崩さずにサイドバッグの巻き込みを防止。許容積載量は1.5kgとなる

スペシャルパーツ武川　¥13,200

サイドバッグサポートR
同社製バッグ等の積載用具を取り付ける際に車両とのクリアランスを保持し、巻き込みを防止する。車両専用デザインでイメージを崩さない。右用で容量5L程度までのバッグに適合

スペシャルパーツ武川　¥13,200

サイドバッグサポートLRセット
容量5L程度のサイドバッグを安全に取り付けるためのサポートの左右セット。タンデムステップの使用可能

スペシャルパーツ武川　¥26,400

ツーリングバッグS（ブラック）
バッグを覆うようにセットされた補強板により強度をもたせた容量約5Lのバッグ。背面のファスナー式固定ベルトでキャリア等に固定できる

スペシャルパーツ武川　¥5,280

ツーリングバッグS（ACU）
高さ220mm、幅270mmのバッグで面ファスナー式固定ベルトでキャリア等に固定できるだけでなく、ショルダーバッグとしても使える

スペシャルパーツ武川　¥5,280

クロスカブ 110　スーパーカブ 110

キャリア ダブルシート用 メッキ
同社製ダブルシート装着時に純正キャリアを
外すことで損なわれる積載性を補う専用キャ
リア。スチール製クロームメッキ仕上げ
キジマ　¥20,900

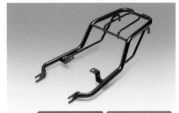

クロスカブ 110　スーパーカブ 110

キャリア ダブルシート用 ブラック
同社製のダブルシート装着時でも積載性を確
保できる、天板サイズ縦210mm、横200mm
のキャリア。最大積載量は5kg
キジマ　¥20,900

クロスカブ 110　スーパーカブ 110

スポーティキャリア リア
リア周りをスッキリさせてくれるスタイリッ
シュなキャリア。天板サイズは縦320mm、横
240mm。スチール製、ブラックとメッキあり
キジマ　¥18,700/19,800

ファッションリヤキャリアー
デザイン性に優れたデザインで実用性を損なわずドレスアップできるリアキャリア。カラーは純正と
同じブラックの他、ホワイトもある。オプションでバックレスト（¥7,700）も用意されている
キタコ　¥10,450/13,200

クロスカブ 110　スーパーカブ 110

クロスカブ 110　スーパーカブ 110

トップケースブラケット
ツアラテックのトップケースをワンタッチで取
り付けられるようになるブラケット。ステンレス
製電解研磨仕上げ
ツアラテックジャパン　¥22,000

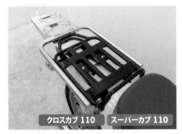

クロスカブ 110　スーパーカブ 110

ダブルリアキャリア
リアボックスを装着するためのベースブラケッ
トを装備したキャリア。取り付けるリアボックス
は容量およそ28Lまでを推奨する
ウイルズウィン　¥19,800

クロスカブ 110　スーパーカブ 110

キャリア延長キット
荷台スペースを手軽に拡大できるアイテム。表
裏、両面使用ができるので、用途に合わせて使
い分けができる
ウイルズウィン　¥9,900

クロスカブ 110　スーパーカブ 110

クロスカブ110用リアキャリア専用リアボックスセット
二人乗りしても荷物が載せられる、スーパーカブ 110も使用可能な延長キャリアと、クロスカブ 110
純正色（全 8色）に塗られたリアボックスのセット
ワールドウォーク　¥28,600

クロスカブ 110　スーパーカブ 110

クロスカブ110専用塗装リアボックス 32L
純正色（全 8色）塗装を施した容量32Lのリア
ボックス。高強度ABS製で、取り付けボルト
セットが付属する
ワールドウォーク　¥14,080

クロスカブ110 **スーパーカブ110**

SHAD製リアボックス付きダブルリアキャリア
積載量を大幅にアップするダブルリアキャリアとフルフェイスヘルメットが入る容量29LのSHAD製リアボックスのセット

ウイルズウィン　¥26,950

クロスカブ110 **スーパーカブ110**

SHAD製リアボックス付きキャリア延長キット
フルフェイスヘルメット1個が収納できるサイズのリアボックスとリアキャリアがそのまま使える延長キットをセットにした製品

ウイルズウィン　¥20,350

クロスカブ110 **スーパーカブ110**

カントリーボックス
おしゃれなイメージと積載性を融合させた杉材を使ったテールボックス。汎用で容量は24L、本体重量は2.8kgとなっている

ダートフリーク　¥12,980

クロスカブ110 **スーパーカブ110**

アルミフロントキャリア
純正キャリアに馴染むパイプ形状を採用したボックスタイプのアルミ製フロントキャリア。最大積載量は2kg。取り付けステー付属

ダートフリーク　¥12,650

ビッグフロントキャリア

クロスカブ110 **スーパーカブ110**

同社従来品より積載面を拡大し、使い勝手を向上させたフロントキャリア。ヘッドライトガードを兼ねた構造となっておりドレスアップ効果も高い。スチール製で最大積載量は2kg

エンデュランス　¥15,950

クロスカブ110 **スーパーカブ110**

フロントキャリア
純正のキャリアに追加する、前後170mm、左右300mmサイズのプレート。フックポイントやスリットを設け、積載性は満点

Gクラフト　¥11,000

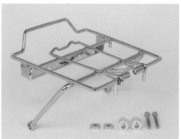

フロントキャリアキット

クロスカブ110 **スーパーカブ110**

クロスカブ専用に作られた、通勤通学のカバンやキャンプツーリングでのシュラフ、雨具等を積みたいキャリア。バインダー付属で地図等を挟める。メッキとブラックの2種。許容積載量重量は1kg

スペシャルパーツ武川　¥11,880

フロントキャリア
ヘッドライトステーに取り付けるキャリア。キャンプツーリングでシュラフや小さな荷物を積むのに便利。フックが4ヵ所ありネットの固定もラクラク。最大積載重量2kg、天板サイズは27×22cm

クロスカブ110 **スーパーカブ110**

田中商会　¥5,090

クロスカブ110 **スーパーカブ110**

フィッシングロッドホルダー
グリップ径30mmまでの釣り竿が3本まで搭載可能なホルダー。竿に合わせて角度調整が可能。最大積載量は1.5kg

ダートフリーク　¥9,350

ロッドケースキット
縦510mm、横140mm、幅93mmの設定で、長尺の釣り竿やトレッキングポール等をスッキリ搭載できる。最大積載量は3kg

`クロスカブ110` `スーパーカブ110`

エンデュランス　¥22,000

ツーリングバッグ
フロントハンドルカバーに取り付ける、ありそうでなかったツーリングバッグ。バッグ上面の特殊フィルムはタッチパネル対応グローブならスマホ等を操作できる。メイン容量1.1L

`クロスカブ110` `スーパーカブ110`

スペシャルパーツ武川　¥4,950

`クロスカブ110` `スーパーカブ110`

ベルトフック
サイドバッグ固定ベルトや荷物固定用のバンジーコードを掛けるためのフック。スイングアームピボットに取り付ける

キジマ　¥5,500

EXTERIOR
外装

ドレスアップパーツを中心とした外装パーツを紹介する。愛車に個性を生み出してくれるだろう。

`クロスカブ110` `スーパーカブ110`

CUB-F3-C ウインドシールド
雨風を防ぎ疲労や寒さを低減し虫もブロック。丈夫な2.5mm厚ポリカーボネイト樹脂製でクリアな視界を実現。高さ435mm、幅390mm

旭風防　¥14,850

`クロスカブ110` `スーパーカブ110`

CUB-F3 ウインドシールド
正面からの強風を効果的にブロックし、疲労や寒さを低減。高品質ポリカーボネイト樹脂製で視界もクリア。高さ420mm、幅380mmサイズ

旭風防　¥14,850

`クロスカブ110` `スーパーカブ110`

CUB-F8-C ショートバイザー
スポーティなデザインながらタウンユースで効果的に風や虫をブロックできるショートバイザー。高さ265mm、幅350mm

旭風防　¥13,200

`クロスカブ110` `スーパーカブ110`

CUB-F8 ショートバイザー
雨風を防ぎつつもファッショナブルなフォルムが得られるショートタイプのバイザー。高さ295mm、幅は350mmに設定されている

旭風防　¥13,200

`クロスカブ110` `スーパーカブ110`

メーターバイザーセット クリア
マルチバーとしても使えるステーと同社製汎用メーターバイザーのセット。コンパクトでスタイリッシュなイメージを作り出せる

エンデュランス　¥11,660

`クロスカブ110` `スーパーカブ110`

メーターバイザーセット スモーク
存在感あるスモークバイザーを使ったセット。取り付けステーは各種アクセサリーの取付も可能。クリア同様、ロングタイプ（¥12,760）あり

エンデュランス　¥11,660

`クロスカブ110` `スーパーカブ110`

メーターバイザーセット
マルチバーとしても使えるステーと高さ245mm、幅238mmのバイザーを組み合わせたセット。バイザーはスモークもある

エンデュランス　¥11,660

メーターバイザーロングセット

高さ約305mmと大型のバイザーを使ったボルトオンキット。高い防風効果でツーリング時に効果を発揮。クリアスクリーンもあり

エンデュランス　¥12,760

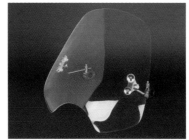

スクリーンキット

クロスカブ 110　**スーパーカブ 110**

ハンドルマウントタイプの高さ430mm、幅440mmの大型スクリーン。高い防風効果で長距離走行時の疲労を低減してくれる

スペシャルパーツ武川　¥17,380

ミニライトスクリーン

ハンドルアッパーカバーに両面テープで貼り付けるだけで装着できる、可愛らしいスクリーン。スモークタイプで中央に凸ラインがあるなど、小さいながら存在感のあるパーツだ

クロスカブ 110　**スーパーカブ 110**

スペシャルパーツ武川　¥6,600

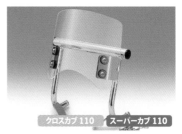

スクリーンメーターバイザー

クロスカブ 110　**スーパーカブ 110**

ネオクラシックなルックスが得られるだけでなく、マウントバー装備でスマホホルダー等が装着可能と高い実用性を持つアイテム

キジマ　¥19,800

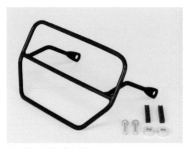

ヘッドライトガード

クロスカブ 110　**スーパーカブ 110**

クロスカブのトレッキングスタイルアップに必須のアイテム。インパクトのあるフロントマスクを作り出すことができる。同社製フロントキャリアとの同時装着が可能

スペシャルパーツ武川　¥9,570

ZETA ヘッドライトガード

クロスカブ 110　**スーパーカブ 110**

丈夫なアルミ製フレームとライト照射を妨げないポリカーボネート製プロテクターを組み合わせたヘッドライトガード

ダートフリーク　¥7,920

ヘッドライトガード

クロスカブ 110　**スーパーカブ 110**

専用設計されたプレートでライト照射を妨げずにヘッドライトを傷や割れから守ると同時に、ルックスを本格オフローダーにしてくれる

Gクラフト　¥9,350

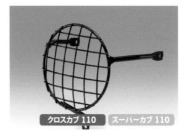

ヘッドライトガード　ストーンガード

クロスカブ 110　**スーパーカブ 110**

アドベンチャースタイルをイメージさせるライトガード。飛び石等からのダメージを軽減しつつドレスアップできる

キジマ　¥8,800

ヘッドライトバイザー

クロスカブ 110　**スーパーカブ 110**

ピヨピヨやアイブロウとも呼ばれる、スーパーカブをキュートなルックスに変えるアイテム。装着も簡単でカスタムの第一歩におすすめ

キジマ　¥3,960

ヘッドライトバイザー

クロスカブ 110 **スーパーカブ 110**

ヘッドライトリムに挟み込み、両面テープで装着するドレスアップアイテム。スーパーカブをよりキュートなルックスにできる。スチール製クロームメッキ仕上げ

キタコ ¥1,980

クロスカブ 110 **スーパーカブ 110**

エンブレムキット

ヘッドライトステーに TAKEGAWA ロゴ入りエンブレムを取り付けるキット。ホンダ純正エンブレム(61401-KB4-000)も取り付け可

スペシャルパーツ武川 ¥6,930

フロントエンブレムセット TYPE-1

クロスカブ 110 **スーパーカブ 110**

フロントフォーク部に取付可能なエンブレムとステーのセット。TYPE-1は約16cm×4cmのホンダ純正エンブレムとステーのセットとなっている

田中商会 ¥5,750

クロスカブ 110 **スーパーカブ 110**

フロントエンブレムセット TYPE-2

約18.5cm×4.5cmサイズのホンダ純正エンブレムと、それをフロントフォーク部に取り付ける専用ステーのセット

田中商会 ¥5,350

クロスカブ 110 **スーパーカブ 110**

エンブレムステー HONDA エンブレム

ホンダ純正エンブレムを三叉部分へ取り付けるためのブラケット。装着簡単で手軽にドレスアップが楽しめる

キジマ ¥1,980

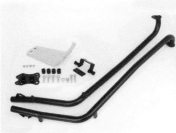

アンダーフレームキット

クロスカブ 110 **スーパーカブ 110**

クランクケース保護とフレーム補強を兼ね備えたアンダーフレームに着脱式アンダープレートを組み合わせる。加工不要で純正品のようなフィッティングで取り付けできる

スペシャルパーツ武川 ¥38,500

アンダーガードキット

クロスカブ 110 **スーパーカブ 110**

エンジン下部を保護しドレスアップ効果も得られるキット。ステンレス製で汚れやサビに強いのも嬉しいポイント

エンデュランス ¥22,000

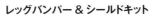

レッグバンパー & シールドキット

クロスカブ 110 **スーパーカブ 110**

φ25.4mmスチールパイプを採用した強固なサイドバンパーと風防効果が得られるレッグシールドのセット。レッグシールドはグリーン、ブラック、グレイ、ACUの4タイプが設定される

スペシャルパーツ武川 ¥54,780

クロスカブ 110　**スーパーカブ 110**

エンジンガードキット

クランクケース、シリンダーヘッドを保護するスチール製メッキ仕上げのガード。アルミ製パンチングプレート付き

スペシャルパーツ武川　¥未定

ビレットステップバーキット

アルミ材を大胆に削り込み作られた存在感の高いステップ。ドレスアップ効果を高め、足元を美しく演出してくれる。SP武川ロゴ入り、アルマイト仕上げ

クロスカブ 110　**スーパーカブ 110**

スペシャルパーツ武川　¥10,780

クロスカブ 110　**スーパーカブ 110**

ステップバーキット

交換簡単で高級感と安定したポジションが得られるアルミ削り出しのステップ。シルバーとブラックの2カラー設定

スペシャルパーツ武川　¥7,480

クロスカブ 110　**スーパーカブ 110**

ワイドフットペグ クロモリ

バランス良く配置した歯や前後幅50mmの踏面により安定したライディングをサポートするクロモリ製フットペグ。2個セット

ダートフリーク　¥9,680

クロスカブ 110　**スーパーカブ 110**

チェーンケースホールプラグ

地味なノーマルから交換するだけで簡単にドレスアップを楽しめる。アルミ材削り出しで、表面仕上はシルバー、レッド、ブラックから選べる

スペシャルパーツ武川　¥3,410

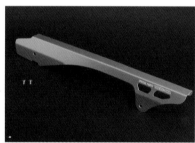

クロスカブ 110　**スーパーカブ 110**

アルミチェーンガード

純正ドライブチェーンケースから交換すると、スッキリスタイリッシュなイメージを創造できるアイテム。本体はアルミ製で耐腐食性に優れたステンレス製取り付けボルトが付属する

スペシャルパーツ武川　¥7,920

クロスカブ 110　**スーパーカブ 110**

テールランプガード

テールランプにヘビーデューティーな雰囲気を演出するドレスアップパーツ。スチール製ブラック仕上げとなる

キジマ　¥8,800

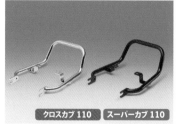

クロスカブ 110　**スーパーカブ 110**

タンデムグリップ

スタイルを崩さずにパッセンジャーを支えられるアイテム。リアキャリアとの併用は不可。クロームメッキ仕上げとブラック仕上げあり

キジマ　¥12,100/13,200

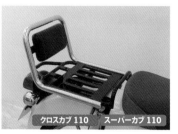

クロスカブ 110　**スーパーカブ 110**

バックレスト付きタンデムバー

安心安全にタンデムできるよう設計したタンデムバー。バーの直径は25mmとパッセンジャーが握りやすいデザインとなっている

ウイルズウィン　¥19,800

ビビッドワッシャー SET

クロスカブ 110　スーパーカブ 110

外装類の奥深いマウント位置に使える汎用のドレスアップワッシャー。カラーはブラック、ゴールド、レッド、クロームメッキ。ボルト穴径は6mm、高さは20mm。2個セット、M6×20キャップボルト付

キタコ　¥1,650

クロスカブ 110　スーパーカブ 110

アルミキーボックスカバー

メインキー周りをさり気なくドレスアップするアルミ削り出しカバー。ブルー、レッド、ゴールドの3色設定だ

キタコ　¥1,100

サイドカバーノブ（TYPE-2）

クロスカブ 110　スーパーカブ 110

旧型スーパーカブに採用されていたサイドカバーノブをモチーフにアルミ削り出しで作ったノブ。ドレスアップ効果が得られるだけでなく、手で脱着ができるようにもなる

スペシャルパーツ武川　¥5,830

LIGHT
灯火類

実用部品であるが、見た目のアピール効果も高い灯火類。法規対応も意識しつつ選びたい。

ウインカーレンズ SET

クロスカブ 110　スーパーカブ 110

ノーマルのレンズと交換するだけと手軽に装着できるクリアスモークタイプのウインカーレンズ。アンバー色バルブ付属。左右2個セット

キタコ　¥4,180

クロスカブ 110　スーパーカブ 110

ウインカーレンズ SET

純正交換タイプのクリアウインカーレンズに無点灯時に目立たないミミックバルブが付属。2個セットで前後共用

キジマ　¥4,620

ブレイズウインカー

クロスカブ 110　スーパーカブ 110

無点灯時、点灯時問わず車体を美しく演出するウインカーレンズと専用バルブの2個セット。レンズカラーはスモーク、クリア、オレンジの3タイプが設定されているので好みに合わせて選ぼう

スペシャルパーツ武川　¥4,950

テールレンズ SET

クロスカブ**110**　スーパーカブ**110**

リアビューをよりシックに演出できるクリアスモークタイプのテールレンズ。赤色バルブも付属するので法規対策も万全。手軽に取り付けられるのでカスタム初心者におすすめ

キタコ　¥2,860

スモークテールレンズキット

クロスカブ**110**　スーパーカブ**110**

ノーマルのテールランプレンズと交換するだけで透明感を出しながらシックなイメージに変身。赤色のバルブが付属する

スペシャルパーツ武川　¥3,410

フェンダーレスキット

クロスカブ**110**　スーパーカブ**110**

純正テールランプの代わりに付け、リアの雰囲気をガラッと変えてくれるアイテム。写真のようにリアフェンダーをカットするとより効果的

ウイルズウィン　¥13,200

LEDフォグランプキット3.0

クロスカブ**110**　スーパーカブ**110**

ヘッドライト固定部に付属ホルダーで取り付けるフォグランプキット。カウルや車体側配線の加工をすること無く装着することが可能だ

スペシャルパーツ武川　¥26,400

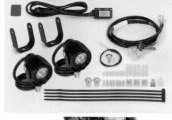

LEDフォグランプキット3.0 SP武川製アンダーフレーム装着車用

クロスカブ**110**　スーパーカブ**110**

視認性や夜間走行時の安全性を高められるフォグランプのキット。同社製アンダーフレームにマウントするので、同品が装着されているのが前提の製品となる

スペシャルパーツ武川　¥26,400

LEDフォグランプキット3.0 SP武川製レッグバンパー＆シールドキット装着車用

クロスカブ**110**　スーパーカブ**110**

同社製のレッグバンパー＆シールドキットとの同時装着が前提のフォグランプキット。装着時、簡単なギボシ取り付け加工が必要になる

スペシャルパーツ武川　¥18,150

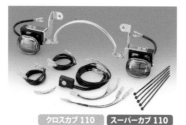

フォグランプKIT LED スモール

クロスカブ**110**　スーパーカブ**110**

夜間走行時に安心感と広い視野をもたらしてくれるフォグランプキット。ライトはヘッドライト下に位置する設定だ

キジマ　¥33,000

フォグランプKIT LED スモール

クロスカブ**110**　スーパーカブ**110**

LEDフォグランプをフロントフェンダー横に設置するボルトオンキット。ステーはブラックとメッキが選べる

キジマ　¥37,400/41,800

SEAT
シート

乗車時の快適性を左右する一方、大きな部品だけに車体イメージにも大きく影響するのがシートだ。

クロスカブ 110　**スーパーカブ 110**

ダブルシート

ボルトオンで取り付けられるブラック表革を使ったダブルシート。スプリング式ロック機構採用で確実に開閉をロックする

キジマ　¥28,600

クロスカブ 110　**スーパーカブ 110**

ロングローシート スムージングタイプ

純正シートとキャリアを外して取り付けるボルトオンタイプシート。独自デザインでシート高約20mmダウンと同等の足つき性を達成

ウイルズウィン　¥15,400

クロスカブ 110　**スーパーカブ 110**

ロングローシート タックロールタイプ

クラシカルなタックロールデザインのロングシート。全長が長い独自サイズで、良好な足つき性もセールスポイント

ウイルズウィン　¥15,400

クロスカブ 110　**スーパーカブ 110**

ロングローシート ダイヤタイプ

カスタムテイスト満点なダイヤステッチの表革が特徴のロングシート。純正より薄く長いデザインが愛車を1ランクアップしてくれる

ウイルズウィン　¥15,400

クロスカブ 110　**スーパーカブ 110**

ロングローシート ステッチタイプ

クラシックテイストを追求するならおすすめの縦ステッチ採用のロングシート。ボルトオンで装着できる

ウイルズウィン　¥15,400

クロスカブ 110　**スーパーカブ 110**

Dr. モペット

正反発中材を使い高い疲労軽減効果が得られるカバー。真夏でも蓄熱せず真冬にも固くならないのも特長。サイズはS、M、Lがあり、クロスカブはL、スーパーカブはMサイズが適合する。カラーは3種

ポジドライブ　¥16,500

クロスカブ 110　**スーパーカブ 110**

エアフローシートカバー（Sサイズ）

ノーマルシートに被せるだけと簡単取り付けながら通気性とクッション性に優れたシートに生まれ変わらせるシートカバー

スペシャルパーツ武川　¥3,300

クロスカブ 110　**スーパーカブ 110**

クッションカバー（ディンプル表皮）

ドットの立体成型表革を使ったクッション性に優れたシートカバー。2トーンカラーデザイン。クロスカブ用とスーパーカブ用は別製品となる

スペシャルパーツ武川　¥4,950

クロスカブ 110　**スーパーカブ 110**

クッションカバー（ライチ表皮）

デザイン性とクッション性に優れたシートカバー。ステッチの色はクロスカブ用は黒と緑、スーパーカブ用はそれに加え白が選べる

スペシャルパーツ武川　¥4,950

クッションカバー（ダイヤモンドステッチ）

高級感あるダイヤモンドステッチ採用のシートカバー。特殊スポンジ入りで耐振動性、クッション性に優れる。2車で別製品なので注意

スペシャルパーツ武川　¥6,380

タンデムシート / ピニオンシート

純正キャリアや同社製キャリアに取り付けられるタンデムシート。工具不要で脱着できるので、タンデムと荷物積載、2つの用途を簡単に切り替えることができる

エンデュランス　¥5,940

クロスカブ 110　スーパーカブ 110

クロスカブ 110　スーパーカブ 110

ピリオンシート（300×300/ブラック）

純正キャリアに合わせた差し込み形状と固定フック採用で工具なしで簡単装着できるピリオンシート。特殊スポンジ採用で乗り心地も良い

スペシャルパーツ武川　¥9,350

クロスカブ 110　スーパーカブ 110

エアフローシートカバー

同社製ピリオンシート用のカバーで、適度なグリップと優れた通気性をもつ立体メッシュ採用。疲労を軽減し快適な乗車を楽しめる

スペシャルパーツ武川　¥2,750

クロスカブ 110　スーパーカブ 110

背もたれキット

ありそうでなかったリラックスして走れるアイテムで、パッドの位置は調整可能。加工無しでボルトオン装着できる

ウイルズウィン　¥14,300

SUSPENTION
足周り

走行性能や乗り心地に多く影響する足周り。それぞれ特徴があるのでよく調べてから選ぼう。

クロスカブ 110　スーパーカブ 110

ツーリングリアショック 342mm2本セット

その名の通りツーリングに最適なスプリング設定で乗り心地の良いリアショック。ノーマルと同じ長さとしたスーパーカブ用

クリッピングポイント　¥6,578

クロスカブ 110　スーパーカブ 110

ツーリングリアショック 363mm2本セット

5段階のプリロード調整ができる、ノーマル比10mmショート設定とされたクロスカブ用リアショック。乗り心地を重視した設定

クリッピングポイント　¥8,778

クロスカブ 110　スーパーカブ 110

ツーリングリアショック 373mm2本セット

乗り心地を重視して作られた、ノーマルと同じ長さに設定されたクロスカブ110用リアショック。2本セット

クリッピングポイント　¥6,578

クロスカブ 110　スーパーカブ 110

KITACO　ショックアブソーバー

同社が培ってきたミニバイクのノウハウを最大限に活かして開発されたオリジナルリアショック。自由長は341mmでプリロード調整可能。2本セットで色はブラック、イエロー、メタリックブルー

キタコ　¥16,500

KITACO ショックアブソーバー
クロスカブ 110 **スーパーカブ 110**
オリジナルダンパーに純正より硬めのバネを組み合わせたリアショック。自由長は371mm（ノーマル同等）。無段階プリロード調整ができ、バネの色は赤、黄、黒、ガンメタリックの4種から選べる
キタコ ¥16,500

リアショックアブソーバー
安定した走行を楽しめるオイルダンパー式リアショック。取り付けピッチはノーマル同等の345mm。バネ色は赤、黄、黒、メッキの4種
スペシャルパーツ武川 ¥18,150

リアショックアブソーバー
クロスカブ 110 **スーパーカブ 110**
減衰力とバネレートを見直し、路面への追従性を高め安定した走行を楽しめるノーマル長のリアショック。バネ色は赤、黒、黄、メッキの4種
スペシャルパーツ武川 ¥18,150

ローダウンリアショックアブソーバー
クロスカブ 110 **スーパーカブ 110**
取り付けピッチ345mmで、シート高が約25mmダウンするリアショック。スプリングカラーは赤、黄、黒、メッキが選べる
スペシャルパーツ武川 ¥18,150

リアショックナット
クロスカブ 110 **スーパーカブ 110**
リアショックを固定するステンレス製のナットとワッシャの1台分セット。耐腐食性のあるボリューム感あるナットでカスタム感がアップ
スペシャルパーツ武川 ¥1,320

リアクッションマウントナット（プレーン）
クロスカブ 110 **スーパーカブ 110**
アルミ削り出しカラーアルマイト仕上げのリアショック固定用ナット。カラーはレッド、ブルー、ブラック、シルバー。4個セット
スペシャルパーツ武川 ¥6,380

リアクッションマウントナット（8ホール）
クロスカブ 110 **スーパーカブ 110**
リアショック固定部に取り付けるドレスアップナット。穴あけ加工をしデザイン性を高めた8ホールタイプ。色は黒、赤、青、銀の4種
スペシャルパーツ武川 ¥6,380

中空アクスルシャフト
クロスカブ 110 **スーパーカブ 110**
バネ下重量を軽減する、中空加工がされたクロモリ鋼製フロントアクスルシャフト。クロスカブには適合しないので注意
キタコ ¥3,630

中空アクスルシャフト
クロスカブ 110 **スーパーカブ 110**
中空加工することで純正比約15%軽量化したクロモリ鋼製フロントアクスルシャフト。安心の純国産製品だ
キタコ ¥3,740

中空アクスルシャフト
クロスカブ 110 **スーパーカブ 110**
剛性の高いクロモリ鋼に中空穴を空けることで軽量に仕上げた純国産のリア用アクスルシャフト。重量はノーマルのおよそ3/4となる
キタコ ¥3,850

クロモリアクスルシャフト
クロスカブ 110 **スーパーカブ 110**
高品質な日本製クロームモリブデン鋼を使った高精度なアクスルシャフト。クロスカブの前用、後ろ用、スーパーカブの前用がある
KOOD ¥23,100/24,200

BRAKE
ブレーキ周り

目にする機会の多いフロントブレーキ周りを中心としたブレーキ関連パーツを紹介していく。

クロスカブ 110 **スーパーカブ 110**

フロントブレーキリザーバーカバー
アルミ合金を削り出し加工した後でカラーアルマイト処理をした美しいカバー。ブラック、レッド、ブルーの3色を設定

ダートフリーク　¥3,410

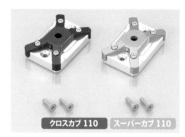

クロスカブ 110 **スーパーカブ 110**

アルミマスターシリンダーキャップ
シルバーまたはブラックのベースに、レッドまたはゴールドのクロスデザインパーツを組み合わせたタイプ1マスターシリンダーキャップ

キタコ　¥4,620

クロスカブ 110 **スーパーカブ 110**

アルミマスターシリンダーキャップ
タイプ2はパラレルデザインのアクセントが印象的。ベースカラーはブラックとシルバー、アクセント部の色はレッドとゴールドがある

キタコ　¥5,060

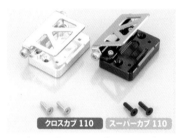

クロスカブ 110 **スーパーカブ 110**

アルミマスターシリンダーキャップ
様々なパーツが取り付けられる角度調整可能な上部プレートを持つタイプ3マスターシリンダーキャップ。カラーは2タイプを設定

キタコ　¥4,950

クロスカブ 110 **スーパーカブ 110**

アルミマスターシリンダーキャップ
アルミ削り出しの2ピース構造を持つマスターシリンダーキャップ。カラーバリエーションはシルバー、レッド、ゴールド、ガンメタとなっている

キタコ　¥4,400

クロスカブ 110 **スーパーカブ 110**

マスターシリンダーキャップ
アルミ削り出しの本体にレーザーでロゴが刻まれたマスターシリンダーキャップ。カラーはシルバー、ブラック、チタンゴールドの3タイプ

モリワキエンジニアリング　¥3,780

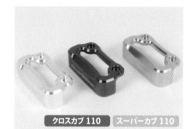

クロスカブ 110 **スーパーカブ 110**

アルミ削り出しマスターシリンダーガード
装着することで転倒時のマスターシリンダーの損傷を軽減できるアルミ製ガード。シルバー、レッド、ゴールドの3タイプ

スペシャルパーツ武川　¥3,410

クロスカブ 110 **スーパーカブ 110**

ピボットレバー CP
細部まで削り出し加工して作られたレバーで、転倒によるレバー破損を最低限に抑える可倒式。高強度アルミ合金製でアルマイト仕上げ

ダートフリーク　¥7,920

ビレットレバー
ハンドル周りをさり気なくドレスアップできる、アルミ削り出しアルマイト仕上げのブレーキレバー。カラーはブラックとシルバーを設定する

クロスカブ 110 **スーパーカブ 110**

キタコ　¥5,940

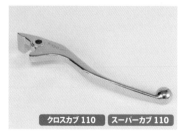

クロスカブ 110 **スーパーカブ 110**

クロムメッキレバー
レバータッチと実用性に優れた純正レバー形状を採用。表面はクロムメッキとすることでドレスアップ効果を付け加えている

スペシャルパーツ武川　¥5,280

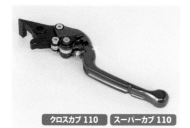

クロスカブ 110 **スーパーカブ 110**

アルミビレットレバー 168（可倒式）

転倒時にレバーが折れにくい可倒式のブレーキレバー。アルミ削り出し製でレバー位置は6段階で調整できる

スペシャルパーツ武川 ￥18,480

パーキングブレーキ キット

クロスカブ 110 **スーパーカブ 110**

ブレーキレバーを握り、シャフトを押し込むことでロックでき、坂道等でサイドスタンドによる駐輪を安定して行なえるアイテム。ロック解除はレバーを握るだけと操作も簡単

エンデュランス ￥6,490

クロスカブ 110 **スーパーカブ 110**

ブレーキアジャストナット（2P）

ブレーキ周りのドレスアップに最適なアルミ削り出し製アジャストナット。スマートな形状が特徴。カラーは5タイプを用意する

スペシャルパーツ武川 ￥1,980

クロスカブ 110 **スーパーカブ 110**

ブレーキアジャストナット（3P）

リアブレーキのドレスアップができるアジャストナット。存在感の高い3Pタイプでカラーは銀、金、青、赤、黒と豊富に設定される

スペシャルパーツ武川 ￥1,980

クロスカブ 110 **スーパーカブ 110**

ブレーキアジャストナット

リア周りのワンポイントを付け加えるアルミ削り出しのアイテム。カラー設定はレッド、ゴールド、ガンメタの3タイプ

キタコ ￥1,100

クロスカブ 110 **スーパーカブ 110**

ブレーキアームジョイント

そっけないデザインのノーマルから交換しさりげないおしゃれを楽しめる製品。5色のアルミ製およびステンレス製の6タイプが選べる

スペシャルパーツ武川 ￥1,980

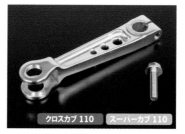

クロスカブ 110 **スーパーカブ 110**

アルミ鍛造強化ブレーキアームキット

ノーマルのリアブレーキアームから長さを伸ばし、ノーマルより軽い力でブレーキングが可能。制動力強化と軽量化が図れる

スペシャルパーツ武川 ￥6,050

クロスカブ 110 **スーパーカブ 110**

SBS ブレーキパッド

安定した制動力と高い耐久性を誇るSBSブレーキパッド。クロスカブ用はHFとSI、スーパーカブ用はEの各タイプが設定される

キタコ ￥3,960/5,280

クロスカブ 110 **スーパーカブ 110**

ZETA ジグラムパッド ダートシンタード

オフロード走行時の利きを重視したブレーキパッド。もちろん公道走行時にも確かな制動力と高い耐摩耗性を誇る

ダートフリーク ￥4,950

クロスカブ 110 **スーパーカブ 110**

ノンフェードブレーキシュー

高温時でも変質が少なくグリップの良い特殊ライニング材を採用。リア用でクロスカブ用とはスーパーカブ用は異なるので注意

キタコ ￥1,760

クロスカブ 110 スーパーカブ 110

フローティングディスクローター
キャリパーはノーマルのままで取り付けできる
フローティングディスクローター。熱歪みの影
響を最小限にし安定した制動性能を発揮
スペシャルパーツ武川　¥22,000

クロスカブ 110 スーパーカブ 110

ローターボルト（スチール）
純正同サイズのディスクローターボルト。ボル
トは脱着時にわずかに狂いが生じるので再使
用せず新品を使いたい
キタコ　¥176

クロスカブ 110 スーパーカブ 110

ローターボルト（スチール）5本セット
ブレーキローターの固定に使うボルトの1台分
セット。純正同サイズでネジロック剤塗布済み
なので安心して使える
キタコ　¥770

クロスカブ 110 スーパーカブ 110

オイルフィラーキャップ
独特な形状でエンジンをドレスアップしてくれるアルミ削り出しのオイルフィラーキャップ。ワイヤー
ロック用穴あけ加工済み。締め付けはヘックスローブレンチ T55の使用を推奨。色は赤と金
キタコ　¥3,960

クロスカブ 110 スーパーカブ 110

オイルフィラーキャップ
クラシカルなデザインを採用したオイルフィラーキャップのタイプ2。アルミ削り出しでレッド、ブラッ
ク、シルバー、ゴールドの各アルマイト仕上げが選べる。Oリング付き
キタコ　¥3,080

クロスカブ 110 スーパーカブ 110

オイルフィラーキャップ
アルミ削り出しのキャップで、ブラックとチタ
ンゴールドのクラウンタイプ、シルバーのクラ
シックタイプの3種をラインナップしている
モリワキエンジニアリング　¥3,850

クロスカブ 110 スーパーカブ 110

アルミ削り出しオイルレベルゲージ
大胆なデザインで存在感と回し易さを両立す
る。ゲージ部はオイルレベル確認用スリット付
き。色はシルバー、レッド、ブルー、ブラック
スペシャルパーツ武川　¥6,380

クロスカブ 110 スーパーカブ 110

タイミングホイールキャップ SET
ジェネレーターカバーのタイミングホールとフライホイールセンターナットホール用のキャップをドレ
スアップするアルミ製キャップのセット。カラーはレッド、ブラック、シルバー、ゴールド
キタコ　¥4,180

クロスカブ 110　**スーパーカブ 110**

タイミングホールキャップ SET

凹デザインを採用したタイミングホールセットのタイプ2。レッド、ゴールド、ガンメタリックの3カラーからチョイス可能。Oリング付き
キタコ　¥3,960

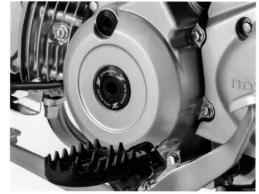

クロスカブ 110
スーパーカブ 110

ZETA エンジンプラグ

アルミ合金を高精度マシンで削り出したエンジンプラグ。タイミングホール用とフライホイールセンターホール用の2個セット。レッドもあり
ダートフリーク
¥3,850

クロスカブ 110　**スーパーカブ 110**

ジェネレータープラグセット

付け替えるだけで簡単にエンジンサイドをドレスアップ。中央にはSP武川ロゴ入り。シルバー、レッド、ブラックの3カラー
スペシャルパーツ武川　¥5,170

クロスカブ 110　**スーパーカブ 110**

オイルフィルターカバー

エンジン右側のクランスケースカバーにあるオイルフィルターを上質なものにするアルミ削り出し製カバー。Oリング付属で、カラーはレッド、ブラック、ガンメタリックが設定されている
キタコ　¥4,180

クロスカブ 110　**スーパーカブ 110**

オイルフィルターカバー（プレーンタイプ）

純正カバーと交換するだけと装着簡単なカスタムオイルフィルターカバー。プレーンなデザインがセンスを感じさせる
スペシャルパーツ武川　¥5,720

クロスカブ 110　**スーパーカブ 110**

オイルフィルターカバー（フィンタイプ）

エンジン周りにクラシカルなイメージを加えるフィンタイプのオイルフィルターカバー。アルミ製でOリングが付属する
スペシャルパーツ武川　¥6,380

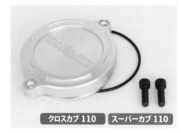

クロスカブ 110　**スーパーカブ 110**

L. シリンダーヘッドサイドカバー

TAKEGAWAのロゴがカスタムスタイルを演出するアルミ削り出しのアイテム。カラーはシルバーとブラックから選べる
スペシャルパーツ武川　¥8,580

クロスカブ 110　**スーパーカブ 110**

L. シリンダーヘッドサイドカバー（フィンタイプ）

純正のカバーと交換することで、表情豊かなスタイルをエンジンに付け加えられるドレスアップパーツ。カラーはシルバーもある
スペシャルパーツ武川　¥8,580

L クランクケースガード

クロスカブ 110　**スーパーカブ 110**

ジェネレーターカバーを保護するガードで、ボルトでジェネレーターカバーと共締めして固定する。好みに合わせてシルバーとブラックから選べる
キタコ　¥8,800

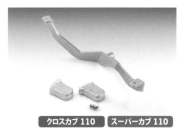

クロスカブ 110　スーパーカブ 110

チェンジペダル

つま先だけでシフト操作ができるよう、先端が一般的なバイクと同じピン形状になったチェンジペダル。取り付けはボルトオン。スチール製ブラック塗装仕上げ

エンデュランス　￥5,500

クロスカブ 110　スーパーカブ 110

チェンジペダル シーソー 足型

踏面が足型と遊び心満点ながら、面積アップでシフトチェンジもしやすくなる実用性にも優れたアイテム

キジマ　￥10,450

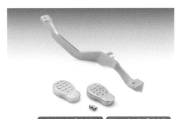

クロスカブ 110　スーパーカブ 110

チェンジペダル シーソー 靴底

純正より面積が広いアルミ製靴底型踏面を持つことで、実用性も高いチェンジペダル。JA59/60専用設計品

キジマ　￥10,450

クロスカブ 110　スーパーカブ 110

オイルエレメント

オイルエレメント交換時に使いたい、純正（15412-MGS-D21 / 15412-K0N-D01）相当の製品

キタコ　￥770

クロスカブ 110　スーパーカブ 110

オイル交換フルSET

オイル交換時に便利なオイルエレメント、ドレンワッシャ、フィラーキャップＯリング、フィルターカバーＯリングのセット

キタコ　￥1,430

クロスカブ 110　スーパーカブ 110

エアエレメント

ノーマルエアクリーナー用の補修用エアエレメント。純正品番 17210-K88-L00相当となっている。定期交換したい部品だ

キタコ　￥1,760

クロスカブ 110　スーパーカブ 110

φ48スモール DN タコメーターキット 12500RPM

耐震性と正確性に優れたタコメーターを純正ハンドルにマウントするキット。ボルトオン装着できるサブハーネスが付属する

スペシャルパーツ武川　￥25,300

クロスカブ 110　スーパーカブ 110

φ48スモール DN タコメーターキット 12500RPM

スポーツマインドを高める多機能タコメーターのボルトオンキット。タコメーターは専用ステーでハンドルにマウントする

スペシャルパーツ武川　￥26,400

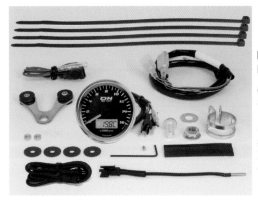

クロスカブ 110
スーパーカブ 110

φ48スモール DN タコメーターキット（オレンジLED）

16,000ｒｐｍスケールで温度や時間等、多彩な表示機能を持つタコメーターと、純正ハンドル用クランプステー、専用ハーネスのセット

スペシャルパーツ武川
￥26,400

クロスカブ 110 **スーパーカブ 110**

hi-POWER ボアアップキット

シリンダーヘッドはそのままに123.9ccへと
排気量を拡大。ピークパワーだけでなく常用領
域で大幅にパワーアップする

エンデュランス　￥22,000

クロスカブ 110 **スーパーカブ 110**

クランクシャフトサポートアダプター

ベアリングを新たに追加することで、ボアアッ
プエンジンの高回転域で起こるクランクシャフ
トの振れを制限するアイテム

スペシャルパーツ武川　￥12,650

クロスカブ 110 **スーパーカブ 110**

ダイハードαカムチェーン（90L）

継ぎ目の無い滑らかな表面と優れた真円度を
持ち、剛性と耐摩耗性に優れた高精度ソリッド
ブッシュカムチェーン。チューニング車に

スペシャルパーツ武川　￥5,170

クロスカブ 110 **スーパーカブ 110**

強化ケブラークラッチキット

バネレートをアップさせ圧着効果を強化しつ
つ、ケブラー製フリクション材採用で耐久性も
向上させたクラッチキット

クリッピングポイント　￥4,400

クロスカブ 110 **スーパーカブ 110**

ハイパーイグニッションコイル

全回転域の放電電圧を向上させノーマルエン
ジンからボアアップ車まで最適な燃焼状態を
生む。カラーは黄、赤、青、黒、橙の5種

スペシャルパーツ武川　￥4,620

クロスカブ 110 **スーパーカブ 110**

パワーフィルターキット

低価格で手軽にパワーフィルター化。吸気量を
一定範囲内で無段階で調整できる。還元パイ
プ取付口付きで安心して使用できる

ウイルズウィン　￥8,800

クロスカブ 110 **スーパーカブ 110**

ハイパーバルブ

クランクケース内に発生する圧力抵抗を減らす
ことでパワーロスを無くすアイテム。手軽かつ
ローコストでエンジン特性を変えられる

ウイルズウィン　￥6,050

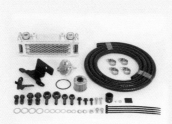

コンパクトクールキット

ボアアップに伴う油温上昇を抑えるオイルクーラーキット。オイルクーラー本体はヘッドライト下にマ
ウントするので、ビジュアル的効果も高い

スペシャルパーツ武川　￥39,050

クロスカブ 110 **スーパーカブ 110**

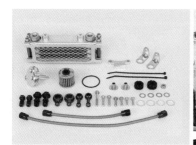

コンパクトクールキット（3フィン）

クロスカブ 110 **スーパーカブ 110**

オイルフィルター部から取り出し、ヘッドにマウントしたオイルクーラーでオイルを効果的に冷却。オ
イルクーラー本体は3フィンタイプを使用する

スペシャルパーツ武川　￥48,400

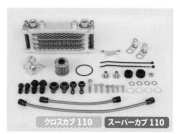

クロスカブ 110 **スーパーカブ 110**

コンパクトクールキット（4フィン）

ボアアップ車でより効果的に油温上昇を軽減
できる4フィンオイルクーラーを使用したキッ
ト。鉄粉吸着用ネオジム磁石内蔵

スペシャルパーツ武川　￥51,150

OTHER
その他

これまでのカテゴリーに当てはまらない多用な部品たち。人気パーツも多いので見逃しは厳禁だ。

`クロスカブ 110` `スーパーカブ 110`

サイドスタンドエクステンダー
純正サイドスタンドの接地面積を拡大し、砂地や砂利など不安定な路面でも安定した駐輪を可能にする
ダートフリーク ¥4,950

`クロスカブ 110` `スーパーカブ 110`

足型サイドスタンドゴム
サイドスタンドに遊び心を加える足型のスタンドゴム。好みに合わせて選べるレッド、ブラウン、ブラックの3カラーを設定する
キジマ ¥1,100

`クロスカブ 110` `スーパーカブ 110`

右側サイドスタンドキット
旧ハンターカブの定番、右側サイドスタンドをクロスカブで実現するアイテム。荷物積載時でも安定性を発揮する構造となっている
エンデュランス ¥15,950

`クロスカブ 110` `スーパーカブ 110`

強化サイドスタンドブラケット
荷台部に多めの積載をした時、フロントタイヤが浮かないよう、サイドスタンドの位置と車体の傾きを調整するためのブラケット
エンデュランス ¥11,440

`クロスカブ 110` `スーパーカブ 110`

サイドスタンド ワイド
拡張した接地面を車体から離れた位置に着地する設計により、大荷物を積んだ時やゆるい地盤でも安定して駐輪できるようにしている
キジマ ¥9,240

`クロスカブ 110` `スーパーカブ 110`

サイドスタンド ワイド
接地面を拡張しつつ車体から離れた位置に着地するようにし、多くの荷物積載時やゆるい地盤に駐輪する際の転倒リスクを下げるスタンド
キジマ ¥9,240

`クロスカブ 110` `スーパーカブ 110`

USBポートKIT
防水仕様の本体とレインプルーフキャップで雨天時もOKなUSBポート。バッテリー最低限度電圧保護機能付き
キジマ ¥6,600

USB電源KIT
専用ハーネスが付属した2ポートタイプのUSB電源。DC5Vで最大出力は2,000mA。本体はLED内蔵の防滴仕様だ
キタコ ¥5,280

`クロスカブ 110` `スーパーカブ 110`

USB電源KIT
クロスカブ専用のハンドルマウントタイプのUSB電源キット。1ポートタイプでDC5V、最大出力は2,500mAとなっている
キタコ ¥4,840

`クロスカブ 110` `スーパーカブ 110`

電源取出しハーネス
メインキーボックスの4Pカプラーに取り付ける電源取り出しハーネス。簡単取り付けでアクセサリー電源（+）を取り出せる
キタコ ¥880

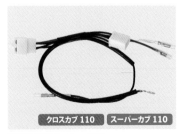

`クロスカブ 110` `スーパーカブ 110`

電源取り出しハーネス
ナビやUSBの電源取り出しに便利なハーネス。純正ハーネスに割り込ませるだけでアクセサリー電源とバッテリー電源を取り出せる
田中商会 ¥730

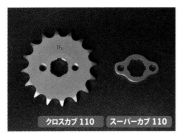

`クロスカブ 110` `スーパーカブ 110`

ドライブスプロケット

チューニングレベルに合わせたセッティングができるよう、14T、15T、16T が設定されたドライブスプロケット

クリッピングポイント　￥660

`クロスカブ 110` `スーパーカブ 110`

軽量クロモリドライブスプロケット

強度の高いクロムモリブデン鋼を肉抜き加工することで軽量に作られたスプロケット。丁数は 14、15、16を用意する

クリッピングポイント　￥1,100

`クロスカブ 110` `スーパーカブ 110`

ドライブスプロケット（フロント）

補修や二次減速比のセッティングに使いたいフロント用スプロケット。14T、15T、16T の3タイプを用意している

キタコ　￥1,680/1,760

`クロスカブ 110` `スーパーカブ 110`

フロントスプロケット

高精度・高耐久を誇るスチール製スプロケット。純正と同じ14Tと高速域での走行が楽になる15Tをラインナップしている

サンスター　￥2,750

`クロスカブ 110` `スーパーカブ 110`

ドライブスプロケット

スチール材を熱処理することで高い耐久性を持つスプロケット。丁数は15Tと16T。装着するとメーターの速度表示がずれるので注意

スペシャルパーツ武川　￥1,980

`クロスカブ 110` `スーパーカブ 110`

ドライブチェーンガイド

16T 以上のドライブスプロケット使用時に使いたいドライブチェーンガイド。スプロケットカバーの干渉を防げる

クリッピングポイント　￥1,100

`クロスカブ 110` `スーパーカブ 110`

ワイドチェーンガイドプレート

スプロケットカバーに装着されているノーマルのチェーンガイドプレートと交換することで、ノーマルより大きなスプロケットが使用できる

キタコ　￥1,540

`クロスカブ 110` `スーパーカブ 110`

スプロケットガードプレート

純正ガードプレートと交換することで、ノーマルから大きい丁数のドライブスプロケットが使えるようになる（最大16T）

スペシャルパーツ武川　￥1,650

`クロスカブ 110` `スーパーカブ 110`

ドリブンスプロケット（リヤ）

補修や二次減速比変更に便利なリア用スプロケット。丁数は 33〜40までの8種類が設定されているので、よく考えて選びたい

キタコ　￥2,200〜2,970

`クロスカブ 110` `スーパーカブ 110`

リア ジュラルミンスプロケット

軽量なアルミジュラルミン製リア用スプロケットで、駆動ロスを低減できる。純正同様の 37Tと加速重視となる 39Tから選べる

サンスター　￥8,250

`クロスカブ 110` `スーパーカブ 110`

ドリブンスプロケット 33T

熱処理したスチール製で耐久性を高めた軽量なスプロケット。取り付け時にはドライブチェーンのリンク数調整が必要となる

スペシャルパーツ武川　￥3,630

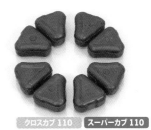

`クロスカブ 110` `スーパーカブ 110`

ハブダンパー

純正同サイズの補修用ハブダンパー。ハブダンパーは劣化するとアクセル操作に対する加減速にタイムラグが出るので状態に気をつけたい

キタコ　￥1,320

HONDA ホンダ クロスカブ/スーパーカブ110 カスタム＆メンテナンス

CROSS CUB/
SUPER CUB110
CUSTOM & MAINTENANCE
2023年5月20日 発行

STAFF

PUBLISHER
高橋清子　Kiyoko Takahashi

EDITOR / WRITER/PHOTOGRAPHER
佐久間則夫　Norio Sakuma

DESIGNER
小島進也　Shinya Kojima

PHOTOGRAPHER
鶴身 健　Takeshi Tsurumi
柴田雅人　Masato Shibata

ADVERTISING STAFF
西下聡一郎　Soichiro Nishishita

PRINTING
中央精版印刷株式会社

PLANNING, EDITORIAL & PUBLISHING

(株)スタジオ タック クリエイティブ
〒151-0051 東京都渋谷区千駄ヶ谷3-23-10　若松ビル2F
STUDIO TAC CREATIVE CO.,LTD.
2F, 3-23-10, SENDAGAYA SHIBUYA-KU, TOKYO 151-0051 JAPAN
[企画・編集・デザイン・広告進行]
Telephone 03-5474-6200　Facsimile 03-5474-6202
[販売・営業]
Telephone 03-5474-6213　Facsimile 03-5474-6202

URL https://www.studio-tac.jp
E-mail stc@fd5.so-net.ne.jp